Detailed

EXPLANATION OF STEPS AND PROBLEMS OF ARCHITECTURAL PEN DRAWING

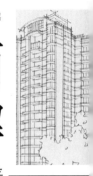

建筑钢笔画
步骤与问题详解

胡　扬　著

U0396352

东南大学出版社
SOUTHEAST UNIVERSITY PRESS
·南京·

内 容 提 要

"建筑钢笔画"属于国内高等院校建筑类专业的基础课,也可称为"快速表现技法",通常是通过临摹学习或外出写生绘制钢笔画的形式,培养学生的观察能力、空间理解能力、美学能力等,是建筑师必备的设计辅助技能。

本书作为供高校本科教学使用的教材,主要面向低年级刚接触建筑钢笔画的初学者。书中的理论部分介绍了钢笔画的入门技巧、绘画工具选择和基本使用方法、透视原理与常见风格解析、示范练习与分析等。实践部分以生活中常见的几类建筑为例,系统讲解了建筑钢笔画的绘制步骤,包括如何观察调整构图、分析空间透视、拆分形态结构、线条与明暗关系的表现、一般植物与配景的画法技巧等。最后的复习部分总结了初学者在绘画中经常出现的几类错误,分析问题所在并给出正确画法,以此巩固绘画知识。

图书在版编目(CIP)数据

建筑钢笔画步骤与问题详解 / 胡扬著. — 南京:东南大学出版社,2023.7
ISBN 978 - 7 - 5766 - 0781 - 9

Ⅰ. ①建… Ⅱ. ①胡… Ⅲ. ①建筑画—钢笔画—绘画技法—高等学校—教材 Ⅳ. ①TU204

中国国家版本馆 CIP 数据核字(2023)第 113180 号

责任编辑:杨 凡 **责任校对**:李成思 **封面设计**:毕 真 **责任印制**:周荣虎

建筑钢笔画步骤与问题详解
Jianzhu Gangbihua Buzhou Yu Wenti Xiangjie

著 者	胡 扬	
出版发行	东南大学出版社	
社 址	南京市四牌楼2号	邮编:210096
出 版 人	白云飞	
网 址	http://www.seupress.com	
经 销	全国各地新华书店	
印 刷	南京凯德印刷有限公司	
开 本	787 mm×1092 mm 1/16	
印 张	18.75	
字 数	365 千字	
版 次	2023 年 7 月第 1 版	
印 次	2023 年 7 月第 1 次印刷	
书 号	ISBN 978 - 7 - 5766 - 0781 - 9	
定 价	89.00 元	

"建筑钢笔画"作为国内高等院校建筑类专业的一门传统课程,适用于建筑、规划、景观、室内设计等多门学科,是学习设计类课程之前必须掌握的内容,目的在于培养学生的观察能力、空间分析能力、造型基础、透视基础、绘图技巧等专业实用技能。这些知识与能力在学习高年级设计课程乃至在未来的工作中都将持续地发挥作用。例如,可以用钢笔画将脑海中构想的设计展示出来,方便我们及时记录构思灵感、与他人讨论设计方案、快速在纸上进行方案修改调整等。尽管现阶段电脑制图技术在不断发展壮大,但依然无法完全代替手工绘画的优势。

经过长期的实践教学发现,建筑类专业的新生大多数没有绘画基础,尽管可以参考各类钢笔画作品进行临摹学习,但是对于无基础的初学者而言,拿到一幅复杂的成稿并不知道应该从何处画起,从而失去绘画耐心与兴趣,画面也频频出现构图偏离、空间透视错误、建筑造型歪曲、画面焦点模糊等基础问题。

针对这一普遍现象,本书选用容易理解和模仿的基础画风,介绍了建筑钢笔画的入门基本知识;以生活中常见的几类建筑为例,包括现代建筑、中国古典建筑、城市街区、雕塑小品等,将每一幅画做了画法步骤的详细拆分演示,例如如何分析构图、铅笔稿草图绘制、细化铅笔稿、初步墨线、刻画细节、光影表现、后期调整构图、常见线条画法与配景画法等,循序渐进地让初学者能够看懂每一步作画步骤;并通过展示实践教学过程中初学者经常出现的绘画问题,进行常见画法错误与难点分析、点评修改,帮助大家巩固建筑钢笔画的技巧与原理。

本书的初衷是帮助无绘画经验的人群入门学习,去引导大家掌握透视、造型等关键知识，学生千万不要一味地模仿画风，也不要只停留在机械性地临摹这一层面。希望大家在不断练习、不断探索的过程中加入关于建筑钢笔画的独立思考，培养自己的图面分析能力，去形成自己熟悉的绘画习惯和独特的风格，在技能上有所突破。望广大建筑钢笔画爱好者共同进行讨论与问题指正。

第一章

入门介绍

一、常用绘图工具

在我们正式进行建筑钢笔画学习之前,先介绍一些市面上常见的钢笔画绘图工具。同学们在了解了不同工具的用途和特点之后,可以根据自己的绘画习惯自行选择。

(一)纸张

纸张作为绘图的载体,大致可以分为单体纸张和本子两大类型。

常用的单体纸张有素描纸、打印纸、彩色卡纸等。素描纸是专业的绘画用纸,其特点是表面略微粗糙并带有浅浅的纹理,手摸上去并不光滑,摩擦力较大,纸质较厚,下笔的手感舒适,吸水力也相对较好,墨水画上去能够很快干燥,可避免拖墨的问题。

打印纸是日常生活中最常见的纸类,通常是 A4 大小,方便装入文件夹随身携带,价格也相对实惠便于购买,可以作为日常随手练习的工具使用。但要注意的是,打印纸的光滑表面有可能造成笔尖打滑导致画出的线条位置偏移、墨不容易干燥会蹭脏纸张等问题,因此一般不用打印纸画正式的图。

卡纸也不属于常规的建筑钢笔画用纸,其特点是带有色彩,常见的是纸浆色或米白色。现在有各类彩色卡纸,尤其是深色卡纸配合白色彩铅或高光笔可以用来表达夜景,这也是发散绘画思维的很好选择。当然,绘画载体不限于以上列举的纸张类型,我们还可以利用手边的任何工具来作画,甚至是餐巾纸、硬纸板、木板等。

纸张通常需要配合画板和画夹使用。使用画板的目的主要有两个:一个是防止桌面不平整,如果笔尖经过有凹凸的地方便会使线条打弯走形,还可能戳破纸张;另一个是方便调整观察角度,要尽量避免直接把纸张放在水平的桌面上,如果观察视线和水平桌面之间的夹角过小的话,则会影响我们判断物体造型的准确性,导致画在纸上的物体发生变形,造成形态不准确的问题。正确的做法如图 1.1(右)所示,应该将画板靠在桌沿略微倾斜放置,让画板尽量和我们的视线呈垂直状态,减少图面变形问题。

画夹的用途是固定画纸,防止纸张起皱褶,也可以避免在绘画过程中由于手部来回移动造成的画纸位置偏移。当然,也可以用胶带来代替画夹。通常会使用水溶胶带,使取下纸张的过程中不容易破坏纸张;要避免使用透明胶这类黏性太强的胶带,因为容易撕坏画纸。

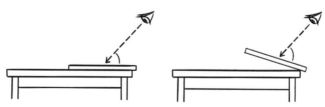

(左:错误的摆放角度;右:正确的摆放角度)

图 1.1　画板的使用方法

本子类的工具有一般画图本和专业速写本。一般画图本大小多种多样,有 A4 大小的本子,也有手掌大小的本子,轻便易携带,可以随时装在身上,在灵感涌现时及时拿出来速写记录。但其缺点是纸张较薄的本子外壳较软,支撑力度不够,线条容易画歪。

因此,我们通常会选用专业速写本,纸张更厚实,还配有专用的硬质外壳,可以起到画板的作用以帮助支撑下笔力度,环状的卡扣设计也方便翻页。

(二)笔

按照绘图的不同阶段,大致可以分为三类用笔。

首先,在画草图时要用到绘图铅笔或自动铅笔。熟练的画手可以直接用针管笔绘图,但是对于初学者而言通常很难掌握这一技能,因此先要经过一个草图阶段。

我们通常使用绘图铅笔打草稿,常用型号是 HB 和 2B 铅笔,用来确定物体的基本形态、透视关系、空间位置等。当然也可以用自动铅笔代替绘图铅笔,其优点在于不用经常削铅笔所以更加便捷,但缺点在于自动铅笔并非专门的画图工具,其笔芯缺乏粗细变化,绘画过程中手感不佳。

画错的地方一般用软一点的专业绘图橡皮擦除线条,尽量不要使用硬橡皮,否则不容易擦除干净,还有可能磨损画纸。

其次,墨线阶段要用到针管笔、钢笔、圆珠笔、签字水笔等。针管笔是专用的钢笔画绘图工具(图 1.2),其笔尖像针头一样细而长,方便眼睛观察线条走向,笔头顺滑又带有一定的摩擦力,画出的线条稳定不容易打滑,墨水干燥速度较快,是初学者和专业人士共同的首选工具。针管笔按照笔头的大小(即画出线条的粗细)分为不同型号,学生可以根据画面需求选择不同的笔,这在第五章的画法步骤示范中将做详细解析。要注意:即使是同一型号的针管笔,不同品牌的笔尖粗细也存在区别,要根据自己的绘画习惯来筛选。由于针管笔通常是一次性的,无法补充墨水,所以成本较高。

钢笔也是一种常用的绘图工具,其特点是质感流畅,墨线的粗细能根据下笔的轻重而变化,画出的线条也更灵活多变,画面生动,墨水用完后可以继续补充反复使用,也能降低一定的绘画成本。但由于初学者还不能熟练地控制手头力度,难以把控线条笔触,因此钢笔更适合技法比较熟练的人士使用。

圆珠笔是一种常见的写字工具,一般有黑色、蓝色、红色这几种墨色,在画钢笔画时多用黑色或蓝色笔。圆珠笔出墨并不顺畅,有时需要手部用力才能画出完整清晰的线条,但也因为这个特点,当下笔轻或下笔快的时候线条会呈现若隐若现的效果。因此,作画时可以利用不同的下笔力度和速度表现不同质感的纹理。

签字水笔是日常学习、工作中最常用的笔,笔头造型和针管笔有一些相似,笔尖有滚珠所以更滑,画线时笔头走向不太稳定,墨水干燥速度也比针管笔慢,但因为可以更换笔芯所以成本也更低,可以用来当随手练习的工具。

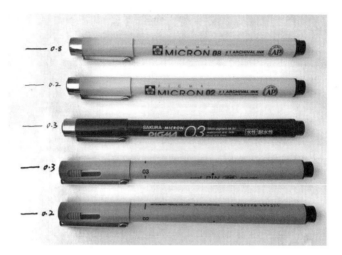

图 1.2　不同类型的针管笔

最后,在调整和补充画面的阶段还可以使用马克笔、彩铅等工具。

马克笔的颜色非常丰富,经常被用来表现物体的色彩。每一支马克笔的笔身或笔帽都标有具体的型号,型号数字对应不同色彩(图 1.3)。如果我们想以黑白画为主不体现彩色的话,可以选择黑色、灰色系的马克笔,通常黑色用来加深阴影的部分,灰色用来表示灰面。马克笔的灰色型号分为暖灰(WG)、冷灰(CG)、蓝灰(BG)、绿灰(GG)等,每个型号的颜色浓度也不同,根据画面想要表达的氛围去选择即可。马克笔的特点是拥有两侧笔头(图 1.4),笔头宽的一侧适合铺大面积的颜色,例如大片的阴影、水面、天空等,笔头细的一侧适合用来强化勾线。

图 1.3　马克笔的不同型号

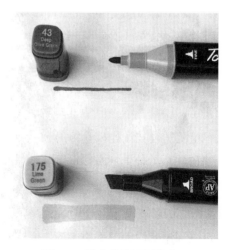

图 1.4　马克笔的两侧笔头

彩铅在建筑钢笔画中使用得相对较少,它也具有颜色丰富的特点,但没有马克笔的色彩这么浓烈鲜艳,一般用来表达色彩和物体表面的材质。彩铅分为水溶性和非水溶性。水溶彩铅顾名思义可以溶于水,在纸上铺色后,用排笔或毛笔蘸水轻轻涂抹在上色处可以将笔触融化开,能够模拟出水彩画的效果,但是需要注意加水量不可过多,否则容易损坏画纸。另外,彩铅虽然叫"铅",但和铅笔不一样,是无法用橡皮擦干净的,所以绘画时要留意别画错,它也不太适合用来画草图。

(三)尺规

一般要根据不同的线条造型去选择直尺、T 形尺、三角板、弧形尺、圆规等工具辅助绘画。使用尺规工具时一定要注意:每画完一笔长线就要把笔头擦干净(可以准备一张草稿纸随时蹭蹭笔尖),否则笔尖很容易积墨;拿走尺子的时候也不要在画纸上直接拖拽,否则会把笔尖的积墨以及尺子上蹭到的墨迹拖拽开把纸蹭脏,应该垂直于纸张方向轻轻把尺子拿起来。

尺规适合用来画长线,能帮助我们找准形态,而短线则更适合徒手绘制,通常徒手的速度比使用尺规更快。尺规是初学者的辅助工具,初学者应该多加练习徒手墨线,笔法熟练后尽量不再依靠辅助工具。徒手墨线和使用尺规墨线画出的线条风格差异也会在第五章中进行详细比较。

二、用笔练习

(一)排线

排线是建筑钢笔画的基础,通常运用在明暗关系表达、造型强化、不同材质的表现等方面。进行排线练习可以帮助我们熟悉线条画法,掌握不同的线条排列方式、控笔技巧,锻炼手的稳定性。各类线条拥有不同的性格特征,需要根据画面中的物体特点进行选择(表 1.1)。

画线时不要用手腕带动笔的走向,这样会让手腕成为圆心,画出的线条容易围绕手腕旋转出现弧度,画不出直线。正确的做法是保持手腕不动,利用整个手臂的平行移动去带动画笔,这样能保证画出的线条成为直线。

另外,一条线画完收尾时,应该垂直抬起画笔让笔尖离开纸面,不要在纸上拖拽笔尖,否则线的末端容易形成一个往回折的小钩,让画面显得潦草(图 1.5)。

表 1.1　常见的排线方式

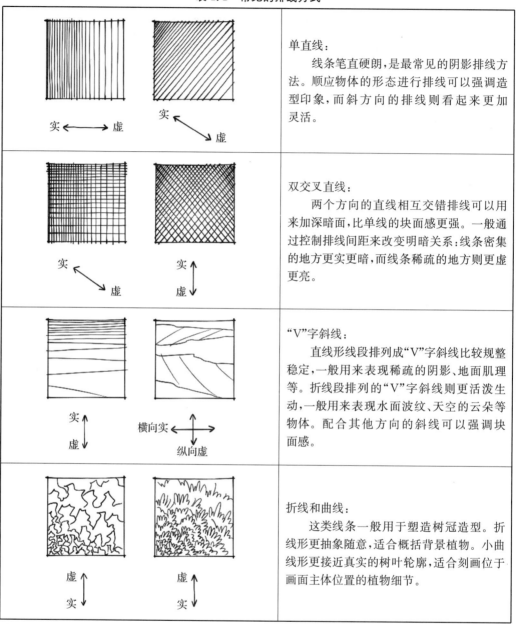

实 ←→ 虚　　实 → 虚	单直线： 　　线条笔直硬朗，是最常见的阴影排线方法。顺应物体的形态进行排线可以强调造型印象，而斜方向的排线则看起来更加灵活。
实 → 虚　　实↓ 虚↓	双交叉直线： 　　两个方向的直线相互交错排线可以用来加深暗面，比单线的块面感更强。一般通过控制排线间距来改变明暗关系；线条密集的地方更实更暗，而线条稀疏的地方则更虚更亮。
实↑ 虚↓　　横向实 ←→ 纵向虚↕	"V"字斜线： 　　直线形线段排列成"V"字斜线比较规整稳定，一般用来表现稀疏的阴影、地面肌理等。折线段排列的"V"字斜线则更活泼生动，一般用来表现水面波纹、天空的云朵等物体。配合其他方向的斜线可以强调块面感。
虚↑ 实↓　　虚↑ 实↓	折线和曲线： 　　这类线条一般用于塑造树冠造型。折线形更抽象随意，适合概括背景植物。小曲线形更接近真实的树叶轮廓，适合刻画位于画面主体位置的植物细节。

错误画法　　　　　正确画法

图 1.5　线条收尾示范

（二）马克笔铺面

马克笔一般有前后两头，一头的笔宽而平，一头的笔细而尖。前文已经说过，马克笔因为其笔头宽的特点更适合用来铺大面积的色块（表1.2），这里指的是宽的那一侧笔头；而细的那一侧笔头使用相对较少，可以用来勾一些细线，起强调暗部阴影的作用。

由于很多马克笔属于油性笔，不能在纸上反复涂抹，否则颜色会晕染或者渗透纸张，因此下笔时要做到"快、准"，初学者还需要多加练习。

表1.2 马克笔铺色效果

马克笔平铺上色可以快速表现出大的块面。	马克笔交错上色能体现肌理感，注意线条相交处的颜色会变深，可以利用这一特性调整画面效果，但不要反复涂色太多次。

（三）点画法

点画法是利用笔尖在纸上点圆点的方式塑造物体造型、表现物体的明暗关系（表1.3），特点是过渡均匀平缓、细致入微。由于绘画速度慢、费时费力等缺点，在建筑钢笔画中使用甚少。但是其独特的表现风格也充满趣味性，可以尝试。

表1.3 点画法效果示范

可以利用点创造出体积感，和普通的素描排线画法一样，要注意亮面、暗面、明暗交界线等的塑造。	点画法在建筑钢笔画中比较常见的用法是表现草地零星斑驳的效果。

第二章

常见透视画法

"透视"（perspective）在建筑钢笔画中是一个常用的专业术语，是指在平面上绘制物体的空间关系时采用的方法、技术，可以在二维的纸上表现出类似三维空间的视觉立体感。

我们观察事物时也会在眼睛上表现出透视现象。例如观察同一个物体，近距离的部位显得更大，而远距离的部位则显得较小（形态透视）；在近处观察能看得更清楚，而在远处观察会变得模糊（隐形透视）；近处观察物体的色彩看起来更鲜艳，而在远处观察色彩看起来偏灰和暗淡（色彩透视）。这些透视现象也需要在绘画过程中表现出来，才能让画面更接近我们观察物体时的真实体验。

由于本书的建筑钢笔画只采用黑、白、灰线条的表现手法，不涉及色彩，因此省略色彩透视举例。本章将主要介绍形态透视中最常见的三种透视，分别是一点透视、两点透视、三点透视，它们涵盖了透视中最基础的原理和知识。隐形透视的内容会在后续章节的画法范例详解中举例说明。

一、一点透视

"一点透视"也称为"单点透视"，是一种理想中的透视形态，指所有物体都有一个面平行于水平面，而表示纵、深方向的线都消失在一个点上，这个点叫作"灭点"。这里要掌握两个概念：

水平线（horizontal line）：在绘画中，水平线一般是指和铅垂线相垂直的线，也泛指在水平面上的直线以及和水平面平行的直线。

视平线（apparent horizon）：指人的眼睛向前看时，与眼睛等高的水平线。大家可以看看自己周围的物体，或者拿起手边的东西观察一下。如果物体是在自己的视平线下方，看到的东西就是俯视视角，我们看不到物体的底面但是通常可以看到顶面；如果物体是在自己的视平线上方，看到的东西就是仰视视角，我们看不到物体的顶面但是通常可以看到其底面；如果物体是和自己的视平线平行，则看不到物体的上下两个面，而是只能看到正面或者侧面。

利用几何体块进行概念说明（图2.1），可以发现，无论是立方体、长方体还是圆柱体、三棱柱等，面向我们的这个面都和画面平行，正方体和长方体则特征更加明显，所有的横线都平行于水平线，所有的竖线都垂直于水平线，表示三维深度方向的线最终都汇聚在一个点上。在图2.1中，长方体和观察者的视线平行，正方体、三棱柱反映了观察者的仰视视角，圆柱体反映了观察者的俯视视角。

在建筑钢笔画中，一点透视可以让画面表现出较强的空间纵深感，特点是对称和稳定，建筑室内或街道景观中比较常见这种透视类型。

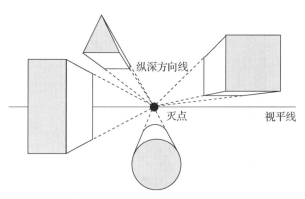

图 2.1　一点透视概念图

　　在图 2.2 的室内空间中,在视平线上方表示纵深方向的延长线确定了屋顶吊顶边缘的位置,视平线下方的延长线确定了地面边缘的位置。绘画时应该先定位这两个重要的辅助线,用来规定整个空间的大小和透视角度,空间内部的其他家具、地板等物体的透视也要与其保持一致。

图 2.2　一点透视在建筑中的体现(室内空间)

　　在图 2.3 的街道空间中,视平线上方表示纵深方向的延长线确定了天际线(即该照片中最外侧屋顶的边缘线)的位置,视平线下方的延长线确定了街道地面边缘的位置。同样,其他的内部构件如门窗洞、地砖、墙面铺砖等也都要符合这个透视规律。

二、两点透视

　　"两点透视"也叫"成角透视",其特点是物体的竖向线垂直于水平线,其他两组表示三维深度方向的线都与水平线呈一个倾斜角度,最后分别聚集消失在两侧的灭点上。也就是说,两点透视在物体的两侧存在两个灭点。

视平线

灭点

纵深方向线

画面水平线

图 2.3　一点透视在建筑中的体现（户外街道空间）

利用几何体块进行概念说明（图 2.4），可以发现无论是平视观察还是俯视、仰视观察，每个立方体的竖向线都垂直于水平线（或者说图 2.4 中的视平线），而表示纵深方向的边线都分别消失在一侧的灭点上。

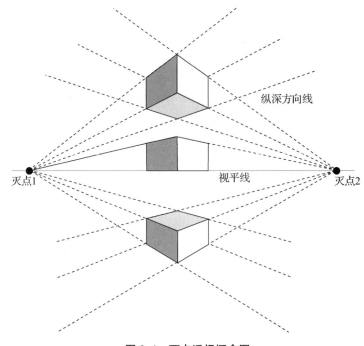

纵深方向线

灭点1　视平线　灭点2

图 2.4　两点透视概念图

我们在日常生活中观察身边的建筑时会发觉两点透视比较常见(图2.5)。在建筑钢笔画中两点透视也是一种非常常用的透视构图,一般用于比较低矮的建筑或位于远处的建筑。这时的视线基本上呈平视状态,画面中建筑墙体垂直于地面,符合真实观察角度,空间立体感和一点透视相比更强,可以清楚地表达一个物体两个交接立面的透视关系。

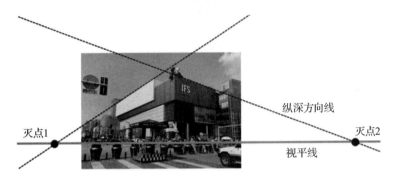

图2.5　两点透视在建筑中的体现

三、三点透视

"三点透视"也叫"斜角透视",其特点是有三个灭点。根据观察位置的高低,高度方向线的延长线最终会会聚消失在天空或地面的灭点上,而另外两组纵深方向线的延长线与视平线相交形成两个消失点。

利用几何体块进行概念说明(图2.6),该图是俯视视角下的三点透视,其在两点透视的基础上多了一个高度方向的第三个灭点。它不像两点透视那样表示高度的竖向线垂直于水平线,而是竖向线和水平线之间形成了一个倾斜角度。

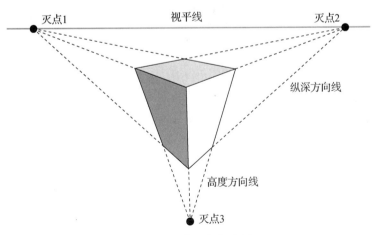

图2.6　三点透视概念图

三点透视常见于各类建筑的俯瞰图,或近距离观察高大建筑时的仰视图(图2.7),因此竖向的空间感十分强烈,可以体现出建筑的宏伟气魄,与周边低矮的植物配景、人物、车辆等形成强烈的对比。由于高度方向上第三个灭点的消失位置通常比较高,在画建筑钢笔画时不需要像图2.7中那样画出完整的延长线,但脑海中必须有透视原理的意识,建筑上的小部件如门窗等也要统一透视规律。

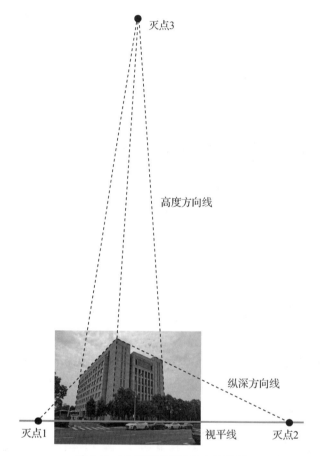

图 2.7　三点透视在建筑中的体现

掌握这三种最基础的透视原理,将有助于初学者理解不同观察视角下的空间关系、形态变化规律。透视原理在学习临摹建筑钢笔画的过程中起重要作用,在以后写生、墨图、手绘建筑草图、快题设计等各种场合,只要在绘图过程中遵循透视的基本法则画面就不会出现明显错误。

第三章

常见风格

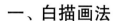
一、白描画法

白描是我国绘画技法中的一种传统方法,是指用线条勾勒出物体的造型轮廓,而不添加色彩等其他修饰。尽管现在已发展出多种多样的绘画技法,但是由于白描的造型准确细致、接受程度高,因此被广泛用于建筑钢笔画中。

建筑画中的白描同样以线条表达为主,因为基本没有光影塑造,使得空间立体感较弱,但也因为不能通过阴影或色彩等掩盖画面瑕疵,通常要求建筑结构与细节刻画清晰而精致,使其形成独特的装饰艺术效果。

图 3.1 是一幅不添加阴影、色彩等任何装饰手法的纯白描绘画,仅使用线条塑造出建筑形体、材质与装饰物,具有画面清爽、形态准确的特点。白描画法并不是画面上只有一种线条,我们可以根据物体的主次关系、前后位置变化等绘制出浓淡、粗细不同的墨线,用来强调视觉中心与空间关系。

图 3.1 纯白描技法表现

如果想用纯白描技法表现一定的光影效果,可以在受光面使用更细的线条,轻轻下笔,适当让笔触留白,体现明亮反光的效果;背光面则使用较粗的线条,下笔用力、线条完整,使体块看起来更扎实(图 3.2)。

在白描的基础上可以进一步添加阴影或色彩,让画成为素描技法作品或者色彩作品。图 3.3 是以白描为基础适当添加了一些排线修饰的钢笔画,整体风格依然可以看出白描的特点,局部添加的排线阴影又加强了画的三维视觉立体感。由此可见,白描技法可以看作众多钢笔画技法的基础。

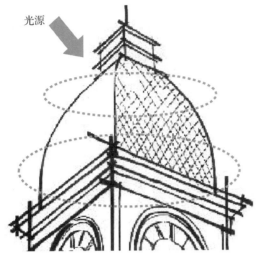

光源

上方光线强，线条更细，
省略局部屋顶材质

下方光线弱，线条相对较粗，
线条表达完整

图 3.2 纯白描技法中的光影表现

图 3.3 白描技法结合局部阴影的表现

白描建筑钢笔画常见的问题是形体不准确，俗称"画得歪、画变形"。这类问题基本是由于没有找准物体的透视，因此初学者需要熟悉第二章介绍的透视原理，并通过练习画几何形体来加深理解。当然除了透视以外，物体的大小比例错误、定形不准确等也是画变形的常见原因。具体画法会在后续的范图详解中举例说明。

另外,这里给初学者提示一个小窍门:如果想练习阴影或色彩,又担心好不容易画好的白描底图被画坏,可以先把原画复印一遍,再用复印过的副本反复练习填色。

二、素描画法

素描是一种专业的绘画技法,是指使用单一的色彩,借助明暗关系来表现所画的对象。其特点是写实,光影塑造相对饱满,空间立体感较强。目前素描最常用的工具是专业绘图铅笔,但也不必局限于这一种工具,还可以使用炭笔、粉笔、圆珠笔、针管笔等,因此素描技法也可以出现在钢笔画中。

建筑钢笔画的素描画法虽然无须达到一般铅笔素描那么细致,但是也要遵循素描的基本规律。强调用"线"来塑造物体形态和明暗关系,形态的塑造与白描建筑类似,不同的是还要通过疏密有致、不同方向、不同长短的排线来营造空间上的光影层次。绘画时需要注意光源方向,以此去判断物体的受光面、背光面、阴影位置等。

如图3.4,其风格和前两张例图相比有明显区别。由于受到上方太阳光照的影响,建筑的屋檐下、门窗洞内形成了大片阴影,图画通过密集排线的方式将阴影表达了出来,而受光面则利用留白表示。由于亮面和暗面对比突出,显得空间转折关系明确,画面也比纯白描手法作品更具有写实效果,视觉重量感也更强。

图3.4 素描技法表现

素描建筑钢笔画常见的问题有画面太灰、画面太碎。灰的原因是明暗对比不明显，整个画面铺满了均匀的排线，无法区别层次，俗称"暗面暗不下去，亮面亮不起来"。我们应该在亮面给予足够的留白，或者只用较细较轻的线条表达，暗面的墨色要和亮面有对比，特别是明暗交接线的位置需要加深强调。碎的原因是细节刻画太多太满，通篇没有主次关系，即画面失去了视觉中心，我们可以只对主体物细致刻画，而周围的配景，特别是远处的景物应该适当简化甚至省略不画，以衬托想要突出的主体。

三、快速表现

快速表现也是一种常用的绘画技法，是指用简练的线条在短时间内快速画出物体的形象，类似于速写。其特点是明快生动，用笔流畅连贯，虽然画面概括但形态准确。

建筑画快速表现既可以用白描勾线的方式绘画，也可以用素描排线的方式绘画，但画面无须达到两者那么精细。因为要用扼要的方法概括看到的物体，需要具有观察能力、抽象提炼物体的能力、手头快速表达的能力，可以体现绘画者的综合素质。使用熟练后，该技法适合用来外出写生、记录设计构思。

图3.5采用了快速表现技法，可以看出画面中没有过多细节，仅仅重点强调了物体的基本造型、前后遮挡关系、局部明暗对比关系。线条简练而顺畅，删除了许多不必要的装饰，但又能表达清楚构筑物和景观的特点。

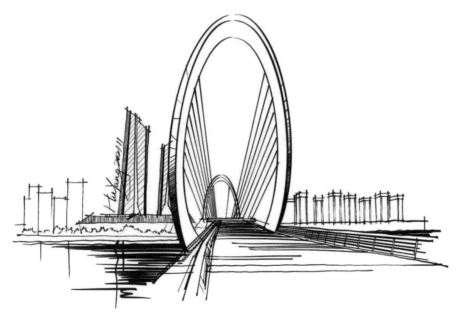

图3.5　快速表现技法

建筑钢笔画快速表现的常见问题是画面不够简练，达不到"速写感"。许多初学者难以分辨什么是画面中可以省略的地方，什么是需要保留的地方，结果细节刻画过度，费时又费力。我们应该抓住物体大的特点,如整体构图、轮廓造型、建筑结构、大小比例等,摒弃小的特点,如装饰纹样、肌理材质等,当然可以适当保留一点儿主体物的局部刻画,以突出画面的主次关系,让人们的视线更容易停留在主体物上,但是一定要注意适可而止,用绘画者常用的话来说就是"不要太抠细节"。

初学者在尝试快速表现时可以把看到的景物理解为几何形体,练习用抽象的眼光简化物体。例如,可以将图中的构筑物近似看成椭圆形,背后的建筑看成长方体,侧重用直观、整体的思路去描绘,这样才不会深陷在小的局部当中。

上面介绍了建筑钢笔画常用的三种画法,无论我们选择哪一种,都要知道那仅仅是一种绘画技法,真正想要画好建筑钢笔画还需要理解其中的绘画原理,在熟悉基础知识、反复学习和练习之后,再逐渐形成自己习惯的、具有个人风格的画法。

第四章

基础练习

一、构图

构图（photographic composition）是绘画中的术语，是指根据绘画者想表达的意境、构思等把物体组织规划起来，形成一幅协调且具有美感的画面。除了绘画，在设计、摄影中也常用。在建筑钢笔画中，由于我们的画大多是写生而非自己进行建筑设计，所以能自主安排的构图十分有限，但也有一些需要注意的地方。

（一）位置构图

首先是确定物体的位置构图，也可以理解为"布局"。这是一幅画的根基，它可以决定画面的大小、视觉中心、意境等。

我们需要安排好物体的上、下、左、右边缘与画纸的间距。画面过于靠上会显得头重脚轻，一般要稍微偏下方才会让物体看起来更稳重；左右关系上通常会保留差不多的距离让物体居中，但有时为了表达某种特殊的意境也会让物体偏向一侧。另外，不要把画面画得过于饱满，应当注意取舍和留白，这种构图方法也常见于中国传统山水画。

图 4.1 就是利用留白进行构图的一幅建筑画，我们可以近似地将画纸对角线看作轴线，主体建筑位于画面右下方，左上方用留白表示天空。整幅画形成中心对称的效果，也表现出山坡古建静谧的氛围。

轴线

图 4.1　画面的留白布局

图 4.2 是一个比较常见的相对左右对称的构图。作为主体物的塔左右完全对称，奠定了画面庄严、肃静的主基调。两侧的植物虽然大小和形态不一，但是仔细观察后发现，右侧前景的树虽然高大但没有树叶，枝干通透轻巧，左侧背景的树虽然距离较远显得较

低矮,但树叶茂密实体感更强,因此两侧的植物达到了视觉上微妙的平衡,又不失活泼。

轴线

图 4.2　左右对称布局

(二)明暗分布构图

建筑钢笔画使用素描技法表现时还要注意明暗构图。明暗色块的位置、大小比例的变化可以给画面带来不同的视觉效果,在遵循实际光源和阴影位置的基础上,我们可以利用主体物与配景的明暗关系塑造来达到对比或衬托的作用。通常,使用较暗的背景衬托明亮的主体物,可以使主体物更突出,表现出强烈的视觉冲击效果;用明亮的背景衬托较暗的主体物,可以使主体物更具有分量感,强调其视觉中心的地位。

图 4.3 是两种不同明暗构图的对比画作,从实际的风景照片来看两张都是夜景,但由于表现手法不同,展示出的氛围也有所差别。

左图的雕像画是一张以素描技法为主的画作,采用了暗背景衬托亮主体物的方法。深色的背景在绘画中有向后退缩的视觉效果,从而突出了前景的雕像,使其在视觉位置上距离我们更近,画面中的明暗交界清楚地勾勒了天际线起伏的轮廓,产生活跃、生动的艺术效果。

右图的建筑群画是一张快速表现技法画作,采用了亮背景衬托暗主体物的方法。天空和大部分水面用留白表示,让人产生空间上的联想,墨色集中在建筑物和水面的倒影上,使视觉中心定位在画面偏下方,整体稳重踏实,清晰地表现出建筑群的造型。

暗背景衬托明亮的主体物	亮背景衬托较暗的主体物
 实际照片	 实际照片
 钢笔画	 钢笔画

图 4.3 不同的明暗构图对比

明暗构图还要留意灰面的作用。灰面除了用来表示阴影(如亮面、暗面之间的过渡面),还可以用来表示建筑色彩的浓淡。这时要注意灰面的位置和面积大小,应当安排均衡,突出重点,舍弃次要的信息,否则画面会失去主次关系。

　　图 4.4 列举了两张建筑钢笔画中灰面的运用,这两张照片的特点都是建筑本身带有一些色彩装饰,虽然根据黑白照无法看出原来墙体的颜色,但仍可以辨别出颜色明度上的黑、白、灰差异,这个时候我们就可以利用灰色调来表达这种颜色明度差异。

　　从左边的城门建筑画来看,色彩主要在建筑屋檐和墙体,用灰色调来表示这些部位既可以区分不同构件,又可以让建筑看起来更整体。这里需要注意的是,尽管屋檐和墙体都用了灰调子表示,但绘画手法有所差异。屋檐部位采用针管笔排线方法,顺着瓦片的走势均衡排列线条以表达材质肌理,而墙体是整块的墙漆,所以采用灰色马克笔大面积铺色的方法,和其他部位的材质形成对比,即达到"在统一之中求变化"的效果。

图 4.4　明暗构图中灰面的运用

从右边的现代建筑画来看，整个建筑都布满了色彩。主体建筑的墙体和屋顶呈深色，背后建筑群墙体的颜色明度偏亮，那么在绘画时就要注意安排灰面的位置，不能全部都表达出来，否则整个画面过于灰。例图中仅在主体建筑的屋顶、背景建筑群的墙体使用了灰色，而主体建筑的墙体用了留白处理。这样做的目的是区分这三大块不同构件，从它们交界处的局部放大图可以看出各个部位没有混淆在一起，层次清晰。同样，不同灰面也采用了不同的绘画手法。本张照片中屋檐的明度更暗，因此用了更加细密的排线来强调其色调和材质肌理；背景建筑的明度稍浅，因此使用浓度更淡的马克笔整体铺色，不去抢夺主体建筑的视觉重心地位。

注意：在建筑钢笔画中经常使用"肌理"一词，是指物体表面的质地给人的感觉，比如冰冷的、温暖的、坚硬的、柔软的、光滑的、粗糙的等。我们可以通过不同粗细、曲直、疏密、浓淡的线条表现出各种材质的肌理特征，就如两幅例图中的屋顶瓦片和墙漆。

（三）构图常用的美学原则

选择构图时我们会采用一些经典的美学原则，它们也经常被用于平面构成、立体构成设计。下面将列举几个经常在建筑钢笔画中出现的原则。

统一与变化：一方面构图中存在着很多统一与变化的因素，比如物体的形状、大小、方向、色彩等，在某个因素方面表现出的差异就是变化，这些因素所具有的内在联系就是统一。如图4.5，在一堆几何体块中有立方体、长方柱体、扁平的长方体等形状，这些形状可以看作一个因素，那么形状因素之间的差异就是这堆物体的变化。另一方面，它们都由一样的材质、一样的颜色构成，那么在材质和色彩因素方面的内在联系就是这堆物体的统一。在上述图4.4的明暗构图解析中也提到了这

图4.5　物体的统一与变化

一原则。"在统一之中求变化，在变化之中求统一"，形成了形式美的根本规律。

均衡：指物体的左右或前后保持平衡的一种美学特征。常见的均衡类型有"对称均衡"和"不对称均衡"。对称均衡的构图中一般可以找到明显的轴线，其左右或上下的形态相同，表现出庄严、安静的效果，前述图4.2中主体塔的部分就是比较典型的对称均衡构图。然而，如果画面过于对称则会显得沉闷和呆板，因此可以利用非对称均衡打破这一印象。通常的做法是取消对称轴，让均衡中心适当偏移，利用画面中各个物体不同的大小、色彩、虚实变化等达到视觉上的平衡，让构图看起来更加轻巧活泼。图4.2中也提

到了如何利用配景植物达到整个画面的视觉均衡。

　　稳定：主要指构成形态的轻重关系。在人们的实际感受中，上小下大或上轻下重能获得稳定感，金字塔就是一个典型的例子。不过随着现代新结构、新技术的发展，已经可以创造出上大下小及上重下轻等新的稳定形式，例如赖特设计的流水别墅的挑台结构。在建筑画构图中，给人稳定印象的因素具有重心低、底部接触面积大、实体、肌理粗糙、表面完整、色彩深沉等特点，而给人轻巧印象的因素具有重心高、底部接触面积小、镂空、肌理光滑、表面通透、色彩明亮等特点。如图 4.6，虽然都是方形现代混凝土建筑，但左图由实体构成，视觉上更加稳重踏实；右图建筑的镂空较多，表面不完整，因此视觉上获得了轻巧的效果。

稳定型	轻巧型

图 4.6　建筑中的稳定构图对比

　　韵律：在建筑领域，韵律是指构成建筑的元素表现出的重复性、规律性。由于韵律本身带有明显的条理性、组织性和连续性，因而借助韵律可以建立一定的秩序，又可获得各种各样的变化。常见的韵律形式有连续、渐变、交错、起伏。"连续的韵律"强调一种或几种元素连续运用或者重复出现，有组织排列而产生韵律感。如图 4.7 中的商业住宅楼，这种楼的造型在现代住宅建筑中十分常见，其外立面每层窗户的造型一致，间隔整齐反复出现，形成了连续的韵律感。"渐变的韵律"是指元素在连续重复的基础上，按照一定的秩序或规律逐渐变化，比如物体大小、色彩冷暖或浓淡、质感粗细等有规律地增减。如图 4.8 中的大阶梯，透视角度的存在使台阶由下往上呈现出由长到短的变化，产生了具有节奏感的韵律。"交错的韵律"是指连续重复的元素相互交织穿插、忽隐忽现而产生韵律感。如图 4.9 中的钢桁架桥的桥身结构相互垂直穿插，形成独具美感的交错韵律。"起伏的韵律"是指保持连续变化的元素时起时伏，具有明显起伏变化的特征而形成的一种韵律。如图 4.10 中的退台式建筑，其立面造型出现连续高低错落的变化，如波浪造型一般生动活泼，形成起伏的动态感。

图 4.7　建筑中连续的韵律　　　　　　图 4.8　建筑中渐变的韵律

图 4.9　建筑中交错的韵律

图 4.10　建筑中起伏的韵律

（四）照片构图的选择

前述介绍主要针对绘画本身，那么如果我们外出拍摄了建筑照片准备带回家画，应该怎么挑选构图合适的照片呢？虽然这看起来不像一个问题，但在建筑钢笔画教学实践中发现不少学生并不能分辨什么样的照片适合绘画，在初学者缺乏绘画构图技巧的同时，又选错照片的话，无疑是雪上加霜。

拍摄建筑照片时也需要遵循构图原则，否则画面会失去美感。常见的拍摄构图问题包括无视觉中心、视角不合理、主次不分明、布局过满、缺少美感等（表 4.1）。

如果很难找到拍摄得好的照片，我们也可以在绘画时手动调整，例如省略不必要的配景，修改透视变形等，具体方法将在画法步骤示范中详细解析。

表 4.1　建筑照片中的构图对比

构图不合适的照片	调整后的照片	问题分析
无视觉中心	展示焦点	左侧照片中缺少可以成为视觉中心的主体物；而调整后的右侧照片将门楼的高塔也纳入镜头，成为整个画面的视觉焦点与精彩之处。
视角不合理	调整视角	左侧照片拍摄角度过高，主体建筑的三分之一都被植物遮挡，整个画面的完整性也欠佳；而调整后的右侧照片拍摄出了整个建筑，植物作为小面积配景用来适当点缀，突显建筑的高大雄伟。
主次不分明	突出主体物	左侧照片的植物和建筑占比几乎相同，无法区分画面想重点表达植物还是建筑物；右侧照片通过改变拍摄方向把建筑全貌展示出来，突出了建筑作为画面主体的地位，构图非常明确。

构图不合适的照片	调整后的照片	问题分析
布局过满	适当留白	左侧照片构图过于饱满，显得建筑体积庞大要溢出画面；在经过适当的留白拍摄后，右侧照片中的建筑更完整，观察视角也更合适。
缺少美感	遵循美学原则	左侧照片中行人太靠近镜头，影响了画面美感；右侧照片略微调整拍摄位置，减少镜头中的行人占比，使构图更加均衡。

二、造型提炼

画建筑钢笔画时需要有整体意识，即抓住事物大的、明显的特征，用简化的眼光概括物体的基本造型轮廓，随后再补充细节。一定不要盯着某个局部一直画，这样非常容易出现透视或形态错误。除了建筑画以外，其他种类的绘画也要有此意识。

表 4.2 示范了如何对建筑进行造型提炼。这一步骤是学习建筑钢笔画的基础，需要大家反复练习掌握。

表 4.2 造型提炼与分析

建筑原型	造型提炼	造型分析
		本张照片是街道景观,特点是一点透视,长直线较多呈放射状构图,因此要抓住这些长线条的位置,包括人行道边界、机动车道边界、道路两侧建筑边界,同时辅以竖向线条确定建筑的长方体造型。
		以长廊为特点的古建筑,主要用横向长直线表现水平方向的廊道,屋顶造型用三角形简易表达即可。
		建筑横向和竖向造型呈现对比效果,镜头前拱起的屋顶造型使画面更有张力,提炼造型时要抓住外轮廓、建筑结构上的这些特征。
		群体建筑重点关注各个建筑之间的左右位置、前后遮挡关系、大小高低,建筑本身的造型可以用更抽象的几何形态提炼,如塔可以直接简化成竖向直线,水面的倒影线条用来让画面更均衡。

三、光影分析

如果想在画面中表现光影，应该注意观察光源的方向，区分物体的受光面（亮面）、背光面（暗面）、侧光面（灰面，或者理解为过渡面）、明暗交界线、反光位置、投影位置等。当然，建筑钢笔画尤其是快速表现技法无须刻画得这么细致，但展现物体明暗关系时最基本的亮面和暗面仍需要判断正确。

表 4.3 利用素描排线的方法列举了光源与阴影的基本关系与画法。例图的画法并不是绝对唯一的，实际绘画时要根据景物特点、画面想表达的意境、个人绘画习惯做调整。

表 4.3　排线与光影表现

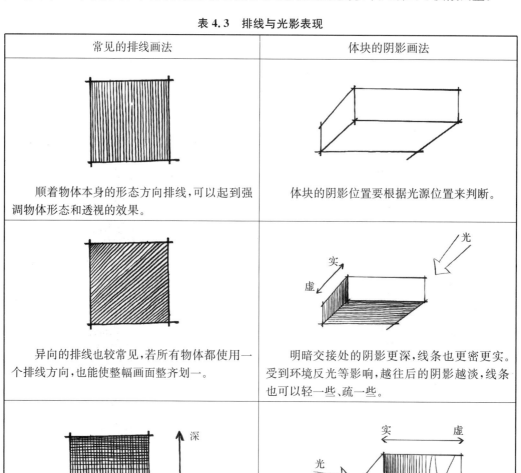

常见的排线画法	体块的阴影画法
顺着物体本身的形态方向排线，可以起到强调物体形态和透视的效果。	体块的阴影位置要根据光源位置来判断。
异向的排线也较常见，若所有物体都使用一个排线方向，也能使整幅画面整齐划一。	明暗交接处的阴影更深，线条也更密更实。受到环境反光等影响，越往后的阴影越淡，线条也可以轻一些、疏一些。
交错的排线方法可以用来加深某一部分的阴影，起强调作用，使空间的纵深感更明确。	有时为了避免阴影线条过多而造成画面凌乱、遮挡住细节线条装饰等问题，可以选择性地省略侧光面的阴影不去刻画，仅重点表示背光面的阴影，排线也可以更通透简略一些。

第五章

绘画步骤解析——街景

（一）马路街景

本幅画的重点与难点(图 5.1)：(1) 街道是我们平常活动最集中的公共场所，也是城市中最常见的一类风景，但是道路两侧高低错落的建筑物和各类构筑物、装饰物过多，初学者往往起稿时无从下手。(2) 建筑上细碎的窗户很多，窗户的透视和比例大小是容易出错的地方。(3) 局部建筑墙面为砖墙材质，应如何表达砖石纹理而又不致混乱抢主体画面。(4) 和建筑的"实体"相比，云朵是偏向"虚"的物体，应该怎么表现。(5) 大面积的阴影容易遮挡主体画面，应该怎么处理。

图 5.1　现代风格街景

第一步：起草大形体（图 5.2）

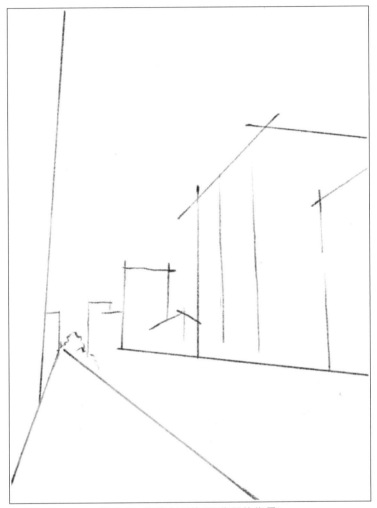

图 5.2　起草大形体（现代风格街景）

在正式墨线之前可以先用铅笔起草，这一步的重点是找准大的形体和主要定位线。

注意：（1）此时不要刻画细节，只画物体的大致轮廓和位置即可。（2）不要从画面的某一个局部开始深入作画，一定要有全局观，保持画面的每一处进展均衡。

只有先把大的体块形态、比例关系等定位准确，后面才不会出现严重的透视错误。

该步骤重点：

（1）回顾一下建筑钢笔画的基本语汇：透视，是指物体的空间关系。形态，是指物体存在的样貌，在钢笔画中也可以理解为造型，即物体特有的形象。比例，是指物体的长、宽、高三个方向上的大小关系，无论是整体、局部还是整体与局部之间、局部与局部之间，都存在比例关系的问题。

（2）本幅画的构图可以近似地看成一点透视，也称为单点透视，即画面中所有物体的灭点都会聚在一处，画面的空间纵深感较强（图 5.3）。

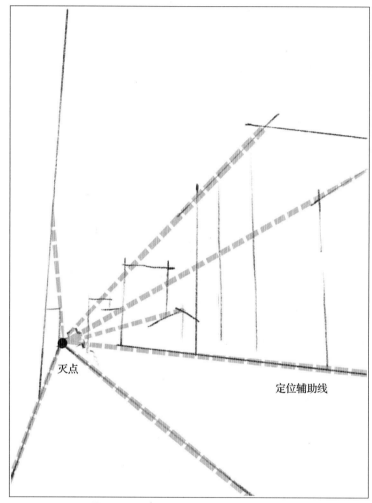

图 5.3　一点透视分析（现代风格街景）

（3）起草形态时可以利用尺规等工具寻找灭点，同时灵活运用辅助线进行体块定位。常用的定位线包括主要建筑物的最高点和最低点、墙体边界等位置，也就是说要关注物体长、宽、高的关系。

第二步:细化形态(图5.4)

图5.4 细化形态(现代风格街景)

在完成上一步之后,如果直接墨线还难以找准具体形态的话,则可以继续对铅笔稿进行局部细化。

注意:(1)这一步依然不要画窗户、砖墙材质、装饰物等过于精细的东西。(2)补充完善定位线以及大的建筑体块造型,方便后期刻画细节时能够找准物体的形态和位置关系。

第三步：墨线（图 5.5）

图 5.5　墨线（现代风格街景）

在铅笔稿草图完成后开始墨线，同样，遵从"由大到小，由主到次"的原则，应该先从大的体块画起，然后再补充其他。

注意：（1）建筑钢笔画中通常使用针管笔墨线，绘画熟练者可使用钢笔，此外马克笔也是一种常用的绘画辅助工具，用来表达大面积阴影或上色。各人根据习惯做相应选择即可。（2）一般来说，坚硬的墙体、深色的阴影可以使用 0.8～1.0 号针管笔，较粗的笔头和浓厚的墨色能达到厚重、稳定、强调画面的作用。（3）窗户、植物、人物等可以使用 0.5号针管笔，笔头大小和墨色适中。（4）砖墙材质、商店广告牌、云朵等更细致的物体可以使用 0.1～0.3 号针管笔，笔头细、墨色浅，视觉效果上若隐若现不会抢主体画面，与其他型号的绘图工具相配合能达到虚实结合的效果。

第四步:清理画纸(图 5.6)

图 5.6 清理画纸(现代风格街景)

在大体块的墨线结束后应该擦除铅笔稿,以避免后期刻画细节时看不清楚画面。

注意:一定要等墨线的墨水干后再擦除铅笔稿,否则会蹭脏画纸。此时,我们可以看到构筑物的位置关系、大致形态已经清晰地显示出来,接下来再去刻画内部细节就不会出现明显的透视、比例错误等问题。

该步骤重点:

通过交错线、短直线、长直线和弧线的常用画法比较,可以根据不同的物体类型、想表达的画面风格去选择合适的表达手法(表 5.1)。

表 5.1 不同线条的常用画法比较

线的交错	线条不出头的画法显得体块更整齐、严肃。	线条出头的画法显得体块比较活泼、生动。

短直线	慢速画一条短直线可以使线条粗细均衡，达到稳重的效果。	快速画一条短直线可以达到两端扎实、中间轻快的效果。
长直线	利用直尺画的长直线更加整齐，也更容易定位。	徒手画的长直线可以按照线条的轴线方向轻微左右摆动，达到生动之中又不偏离整体直线方向的效果。
弧线	均匀的弧线显得物体更加稳定。	弧线顶端断开的画法让物体形态更加轻盈，配合光影表现更佳，强调顶点的受光效果。

第五步：刻画细节（图 5.7）

图 5.7　刻画细节（现代风格街景）

这时可以补充窗户、地砖、植物等细节让画面更加丰富。这一步同样从主要细节开始画起，要熟记无论哪个步骤都是先画大形体后画小细节。窗户的透视要和它所在的建筑物透视一致，这是容易出错的地方。

该步骤重点：

建筑钢笔画的初学者中常见的窗户透视画法问题（表5.2）。

表5.2　窗户透视的错误画法与正确画法总结

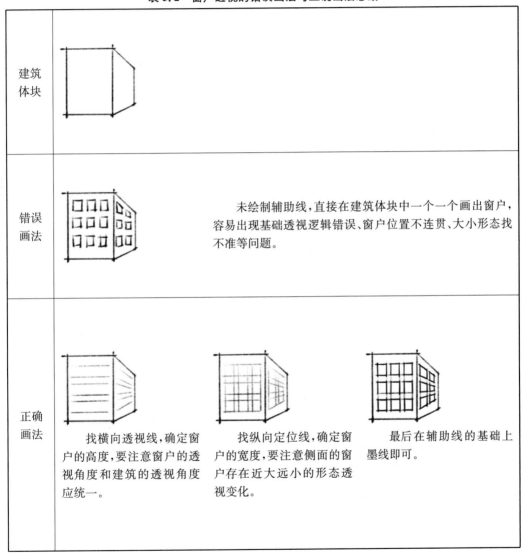

建筑体块			
错误画法	未绘制辅助线，直接在建筑体块中一个一个画出窗户，容易出现基础透视逻辑错误、窗户位置不连贯、大小形态找不准等问题。		
正确画法	找横向透视线，确定窗户的高度，要注意窗户的透视角度和建筑的透视角度应统一。	找纵向定位线，确定窗户的宽度，要注意侧面的窗户存在近大远小的形态透视变化。	最后在辅助线的基础上墨线即可。

第六步：补充细节（图 5.8）

图 5.8　补充细节（现代风格街景）

再补充一些墙砖、装饰物、云朵等更精细的细节，以保证画面的丰富程度。

注意：（1）墙砖的透视同样要按照建筑物的透视关系来画，铺砖方向要符合透视逻辑。（2）云朵可以用细一点儿的针管笔轻轻勾几笔随意的线条，表现出松散、飘忽的效果。（3）在这一步骤中，细节可以选择性地添加，主要目的在于丰富画面程度而并非面面俱到，若某些细节会破坏画面的整体效果则可以忽略不画。

第七步：光影表现（图5.9）

图5.9 光影表现（现代风格街景）

首先刻画主要的阴影即可，通常是窗沿、门洞、明显的物体投影。

注意：（1）观察光线从哪个方向来，阴影位置要符合逻辑。（2）一般用排线的方法表示阴影，排线方向可以顺着物体的形体走向，也可以异向再排一遍加深阴影。（3）尽量不要涂成纯黑色，会显得死板、不透气，线与线之间要保留均匀的间距。（4）阴影不明显且装饰细节较多的地方可以省略阴影排线，采用白描加局部素描阴影的画法。

第八步：光影的补充完善（图5.10）

图5.10　光影的补充完善（现代风格街景）

　　通过补充光影的方法强调画面重心，也可以使明暗分布更均匀和谐。此时可以采用随意的线条排线，和整齐的排线呈对比效果，增加画面的灵活度与趣味性。

（二）步行商业街

本幅画的重点与难点(图 5.11):(1) 透视变形问题,即在用相机近距离仰角拍摄一些高大的构筑物时,容易出现原本垂直于地面的物体向画面中心倾斜的现象,使照片呈现的画面和人眼观察到的空间透视不同。如何在绘画过程中修正透视变形,才能使画面更接近自然观察的角度。(2) 行人应该怎么表现。(3) 竹子和一般行道树的画法区别。(4) 光滑的地砖、粗糙的砖石、竹帘等不同材质的表现方法。

图 5.11　步行商业街

第一步：起草大形体（图 5.12）

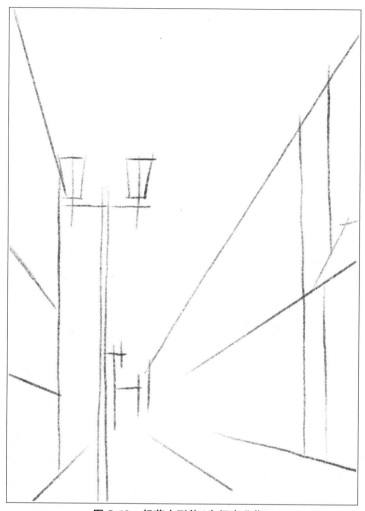

图 5.12　起草大形体（步行商业街）

　　本次将把透视修正为标准的一点透视来强调修正手法。一般在绘画时我们无须这样完全修正透视变形，仅需稍微调整让构图看起来更舒适即可。

起草形体的步骤与上一幅图画相同,需要留意的是,一点透视即画面的消失点汇聚在一处,其另外一大特征是所有物体至少都有一条边和水平线呈平行关系。因此,可以通过调整物体的边缘使其和水平线平行,来达到修正照片透视变形的问题。

(1)修正主要物体的水平线,本幅画中主要调整路灯的横向构件。

(2)修正主要物体的垂直线,本幅画中主要调整路灯的灯杆、建筑立面。

(3)寻找灭点,确定主要建筑物的高度。

(4)形成最终的大形体草图。

该步骤重点:如何把透视变形修正为标准的一点透视(表5.3)。

表5.3　修正手法

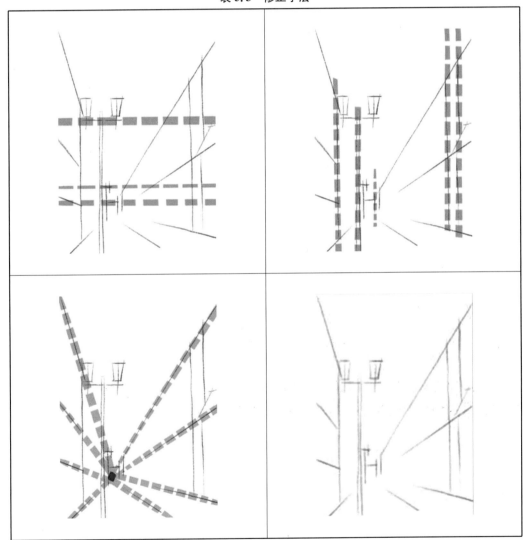

第二步：细化形态（图 5.13）

图 5.13   细化形态（步行商业街）

　　补充完善定位线以及大的建筑体块造型，要和上一步修正后的大透视关系保持一致，即注意各物体水平、垂直的关系。同样，此时不要对细节刻画得过于精细。

第三步：墨线(图5.14)

图5.14　墨线(步行商业街)

先从大的体块开始墨线,逐步由大到小、由简入深。

注意:人物可以用抽象剪影的画法,即不刻画具体的面部、衣物等细节,仅简易表达人物外形和动作轮廓,并适当简化概括。

第四步:刻画细节(图5.15)

图5.15　刻画细节(步行商业街)

通过补充窗户、地砖等小部件来丰富画面。这一步只画到窗户位置、窗框大小造型一类的程度即可,暂时不用刻画窗户内部的栏杆、装饰物等细节,否则和铅笔稿混在一起容易看不清。

第五步：清理画纸(图 5.16)

图 5.16　清理画纸(步行商业街)

待墨水干后擦除铅笔稿清理画纸,检查画面是否存在明显的透视错误、物体造型不准确等问题并及时修正。

注意:(1) 由于墨水无法擦除,在墨线时需要小心,不要出错,尤其对于长线条,如果徒手画不稳的话要及时借助尺规工具。若不小心墨线出错,可借助少量涂改液涂抹、透明胶粘除的方式处理,但也要小心避免蹭破画纸。(2) 具体画到什么程度才可以擦除铅笔稿,并无固定要求,可根据自己的绘画习惯选择。

第六步：补充细节（图 5.17）

图 5.17　补充细节（步行商业街）

　　继续补充地砖、墙砖、栅栏、植物等更精细的细节，以保证画面的丰富程度。材质不需要完全画满，否则画面凌乱且死板。通常是在局部画出材质的特征，靠近物体和画纸边缘的地方留白处理。

第七步：光影表现(图 5.18)

图 5.18　光影表现(步行商业街)

先画出建筑主要体块、窗洞内的明显阴影。这里用素描排线的方法绘画，注意体现排线由实到虚的过渡。

第八步:光影的补充完善(图 5.19)

图 5.19 光影的补充完善(步行商业街)

最后补充细节处的阴影、地面线条,用来丰富画面并平衡构图。

该步骤重点 1：

竹子的特征以及它和一般行道树的画法区别(表 5.4)。

表 5.4　竹子和一般行道树的画法比较

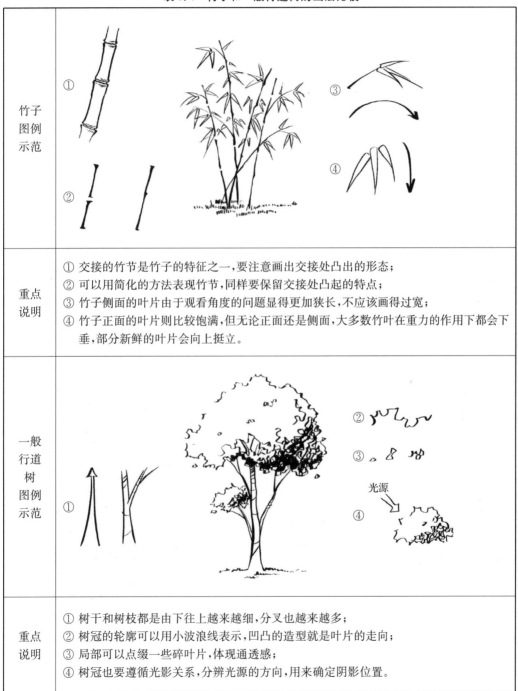

竹子图例示范	① 交接的竹节是竹子的特征之一,要注意画出交接处凸出的形态;
重点说明	① 交接的竹节是竹子的特征之一,要注意画出交接处凸出的形态; ② 可以用简化的方法表现竹节,同样要保留交接处凸起的特点; ③ 竹子侧面的叶片由于观看角度的问题显得更加狭长,不应该画得过宽; ④ 竹子正面的叶片则比较饱满,但无论正面还是侧面,大多数竹叶在重力的作用下都会下垂,部分新鲜的叶片会向上挺立。
一般行道树图例示范	
重点说明	① 树干和树枝都是由下往上越来越细,分叉也越来越多; ② 树冠的轮廓可以用小波浪线表示,凹凸的造型就是叶片的走向; ③ 局部可以点缀一些碎叶片,体现通透感; ④ 树冠也要遵循光影关系,分辨光源的方向,用来确定阴影位置。

该步骤重点 2：

本幅画中出现的不同材质的表现方法（表 5.5）。

表 5.5 不同材质的画法举例

地砖 特点：形状规整，表面光滑。 画法要点：(1) 地砖的线条方向也应符合空间透视关系，注意灭点方向。(2) 可以在局部画一些垂直线来表示地面反光。	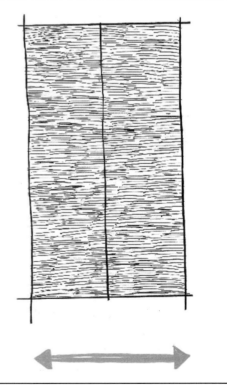
墙面砖石 特点：形状更天然，表面粗糙。 画法要点：(1) 砖墙是错落堆砌而成的，和一般地砖排布的方式不同，应注意区别。(2) 砖石形状更加粗犷，可用抖动的线条表示凹凸不平的边缘，用局部细碎的排线表示砖石表面粗糙的肌理。	
竹帘 特点：纹理细密，若隐若现。 画法要点：(1) 可用细密排布的短线表示编织肌理，排线方向要与实际的编织方向一致。(2) 画肌理细节时，应选用 0.1～0.3 号的细笔头针管笔墨线，体现若隐若现的效果。	

第六章

绘画步骤解析——古建

（一）走廊建筑

本幅画的重点与难点(图 6.1)：(1) 构图的取舍问题，哪些是画面中需要表现的，哪些是破坏画面美感可以忽略不画的。(2) 无地砖的地面应该如何表现。(3) 走廊的内部结构如何简化表现。(4) 屋顶材质的表现方法。(5) 深色的屋顶和深色的投影应该怎么区分才不会显得画面混乱。

图 6.1　走廊建筑

第一步：起草大形体(图 6.2)

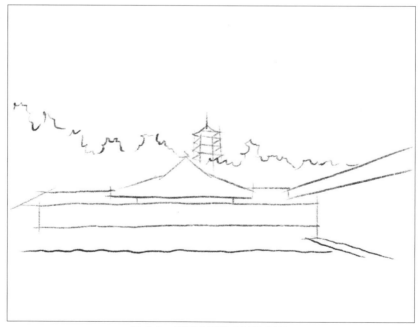

图 6.2　起草大形体(走廊建筑)

　　本幅画的重点包括走廊、屋顶、高塔和植物,因此首先应该找准这些物体的定位,包括不同部位的空间透视、比例大小(重点关注高度和宽度比)、各物体之间的位置关系(可根据屋顶位置寻找塔的定位,同时关注各部分的前后遮挡关系)、基本几何造型。

　　注意:整幅画面构图稍偏纸张下方,在视觉上起扎实稳定的效果。

　　第二步:细化形态(图6.3)

图6.3　细化形态(走廊建筑)

　　进一步补充建筑物细节,主要定位走廊柱子的位置与间距。

　　注意:(1)照片镜头近处的走廊平台残影、树丛后的局部屋顶和桅杆会破坏整幅画面的重心、构图完整度与美感,因此可以主动省略不画。(2)可以用留白的方法处理天空和地面,画面不宜过于饱满,否则会缺乏意境,要学会取舍。

　　第三步:墨线(图6.4)

　　给重要的结构和形体上墨线,包括地面基准线、屋顶外轮廓造型、廊和柱的位置、塔的基本造型、植物外轮廓等。

　　在铅笔稿草图的基础上细微修正不准确的地方即可,初步墨线不宜过于复杂,不应该过度刻画装饰细节以避免自己区分不清结构和表皮。

　　第四步:清理画纸(图6.5)

　　由于铅笔稿会对后期判断画面的明暗关系、刻画细节造成干扰,因此初步墨线后需要擦除铅笔稿并清洁画纸,检查整个构图是否有需要修正的地方、是否体现了均衡的韵律。

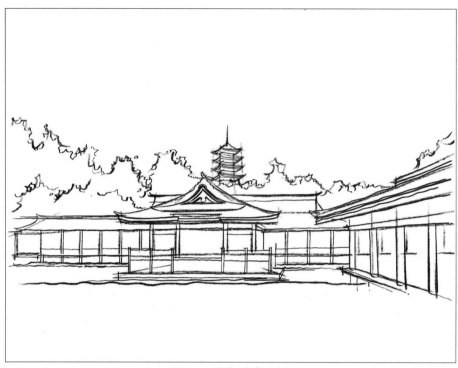

图 6.4　墨线（走廊建筑）

图 6.5　清理画纸（走廊建筑）

第五步：刻画细节（图 6.6）

图 6.6　刻画细节（走廊建筑）

补充细节部分，该图细节主要包括建筑走廊内部的柱子、屋檐下的结构、植物的层次、地面的潮水痕迹与泥沙等。

注意：(1) 刻画植物的层次时要注意观察光影关系，着重刻画背光面，受光面则简略带过。(2) 泥土或草坪类的地面可用水平排线表示，但不宜铺得太满，在局部铺一些线条用来示意地面位置、调整画面平衡感即可，线条也无须太直、太整齐，笔法随意一些以表现土地的自然状态。(3) 画面左下角潮水痕迹的线条方向应按照实际照片中的水流走向绘画。

第六步：光影表现（图 6.7）

观察照片可以看出光源来自建筑物的左上方，因此阴影的位置要根据光源方向判断。由于拍摄时阳光强烈，受光面和阴影处的对比也很明显，因此本幅画的明暗关系比较适合素描的表现手法，体现强烈的空间立体感。

注意：(1) 本幅画的阴影主要集中在走廊内部、廊基下方、塔的檐下，所以应该先画这些部位的阴影，后期再补充其他次要地方的阴影。(2) 走廊内部的行人不是画面重点，因此可以忽略，直接利用走廊内部的阴影排线去遮挡，但同时应该注意不要遮挡柱子。

图 6.7 光影表现（走廊建筑）

第七步：屋顶材质（图 6.8）

图 6.8 屋顶材质（走廊建筑）

　　无论是瓦砾屋顶还是茅草屋顶,都要顺着材质的排列方向去排线,即顺应屋顶的造型和透视关系。由于屋顶不是本幅画的重点,这时用排线简化的方式表达,而不需要画出一片一片的瓦或茅草。但如果是近景拍摄的建筑屋顶,仍需要画清楚屋瓦的造型。

　　注意:虽然从照片上看屋顶的颜色偏黑色,但和走廊内部、廊基下的阴影相比屋顶颜色依然较浅,因此刻画屋顶时不要完全涂黑,应该用偏细的针管笔排线并留有均匀的空隙,远观可呈现灰色的效果。

　　第八步:光影的补充完善(图6.9)

图6.9　光影的补充完善(走廊建筑)

　　进一步补充细部构建上的阴影以及未刻画到的地方,并加强走廊内部和廊基下的阴影来区分空间层次。

　　第九步:补充树木光影(图6.10)

　　最后通过补充树木的阴影进一步强调整幅画面的空间层次,并衬托前排的建筑,强化视觉效果。

(二)城门

　　本幅画的重点与难点(图6.11):(1)古建檐下复杂的结构怎么表现。(2)本幅构图的树木处于前景位置,且在镜头中面积占比较大,因此对画面效果有较大的影响,其特点是树枝茂密树叶偏少,并不适合用前述范例演示的一般行道树画法,那么应该如何处理。(3)城墙面积大且无装饰物,又占据画面中心,显得空旷单一,应该怎么丰富画面效果。

图 6.10　补充树木光影（走廊建筑）

图 6.11　城门

第一步：起草大形体（图 6.12）

图 6.12　起草大形体（城门）

　　本幅画的内容相对明确，主要划分为城墙、上部的建筑、周围的植物这三大部分来处理即可，须确定每个部分的外轮廓形态和所在的画面位置、相互遮挡关系。

　　第二步：细化形态（图 6.13）

图 6.13　细化形态（城门）

继续找细节定位,包括牌匾、门洞、线脚造型、地砖透视、较粗的树干形态等。

注意:树的形态在铅笔稿部分不需要画得太精细,只需找到主干的位置、树枝的大致生长方向、树杈的生长边界即可。

第三步:建筑墨线(图 6.14)

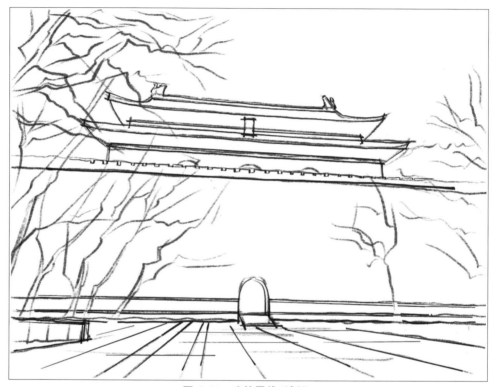

图 6.14　建筑墨线(城门)

本幅画大致分两部分墨线,分别是建筑部分和植物部分。虽然建筑靠后并被一部分树枝遮挡住,但是从其构图位置和面积比例来看依然是本幅画的主体物,因此先从建筑开始墨线。

第四步:树木墨线(图 6.15)

接着再刻画树木的树干形态,靠近树枝顶部较细的分叉可以直接用粗一点的单线条带过。另外,本幅画中的人物不是重点,在保证画面效果不被破坏的前提下可以选择画出或是省略。本幅画为了表达寂静的风景效果而选择省略人物。

注意:树干和树枝的造型都不是笔直的,要用折线描绘出其自然生长的形态。

第五步:清理画纸(图 6.16)

清理铅笔稿,此时已经可以大致看出画面效果,下面可以在此基础上深入刻画细节。

第六步:建筑细节(图 6.17)

同样,刻画细节时也要先从主体建筑画起。这一步主要画屋顶的瓦片走向、檐下结构、城墙墙砖。

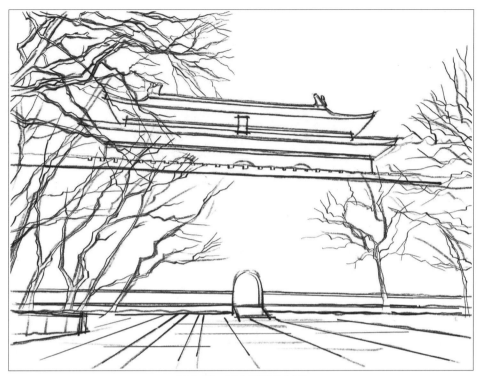

图 6.15　树木墨线（城门）

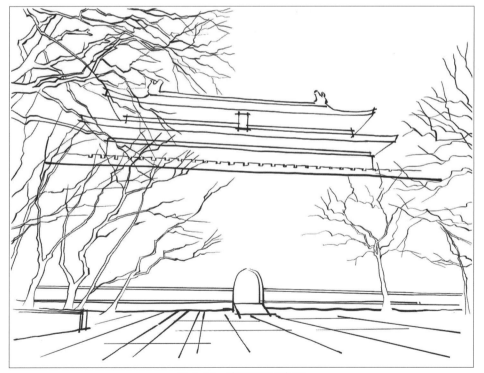

图 6.16　清理画纸（城门）

图 6.17　建筑细节（城门）

注意：（1）虽然古建结构很复杂，但是在建筑钢笔画的绘画中可以用简化的线条表达出大致的造型，取其意向，无须十分精准。（2）墙砖的刻画主要集中在画面中心处，左右两侧的墙砖由于被树枝遮挡可以忽略不画，否则后期把树枝补齐后所有的线条会混在一起，容易显得杂乱。

第七步：树木细节（图 6.18）

继续补充树枝，尤其是末梢的细小树杈，表达清楚树冠的边缘形状。树干处要注意留出前后遮挡关系。

第八步：光影表现（图 6.19）

本幅画的阴影主要在门洞内和屋檐下方，可通过添加阴影突出空间层次，增强画面的黑白对比效果。另外，地面也有局部树荫，在排线时可以留出阳光光斑的位置，营造出虚实结合的意境。

第九步：添加树叶（图 6.20）

除了在步行商业街范图中介绍的常见波浪线形树叶、树冠画法，也可以使用"点"的画法表示树叶。这种画法更适合用来表达稀疏的树叶，起点缀作用。

注意：不要在树冠中均匀地画点，应该表现出有疏有密、叶丛聚散分明的效果。

图 6.18　树木细节（城门）

图 6.19　光影表现（城门）

图 6.20 添加树叶(城门)

第十步:刻画材质(图 6.21)

图 6.21 刻画材质(城门)

通过刻画城墙上的老旧痕迹表现出岁月斑驳的效果,同时也让位于画面中心的城墙看起来更加精彩。另外,在建筑墙面图案、树枝等地方也进行一定的补充。

注意:城墙肌理使用0.1号针管笔,用密集的竖向小短线刻画,下笔要轻,避免掩盖砖石结构线条。

第十一步:添加灰面(图6.22)

图6.22　添加灰面(城门)

最后再使用浅灰色马克笔补充一些灰面,主要包括建筑的红色刷漆墙面、城墙上的树荫,可以和屋顶的排线灰面作区分以表现不同材质的特点,也能让空间层次看起来更饱满,提高画面的完整度。

（三）塔

本幅画的重点与难点(图6.23):(1)如何通过主观判断来更改构图让画面更美观。(2)右侧的树木为重要前景,应该怎么刻画精细。(3)塔本身的颜色与阴影都较深,绘画时怎么区分。

第一步:起草大形体

该步骤重点(图6.24):

看到一个景物,首先要做的是分析它的构图。塔位于画面中心,是本次绘画的主体物,以塔的中轴线为整个画面的轴线,左右两侧各有一棵树。虽然两棵树的远近、大小不

图 6.23　塔

图 6.24　构图分析

同,但左侧较远较矮的树叶茂密,实体感强烈,右侧较近较高大的树无树叶,显得轻盈通透,使整个构图产生左右均衡的视觉效果。

在平面构成和立体构成的概念中,过于对称均衡的构图有稳重、庄严的感觉,但也缺少了灵活性和自由的美感,因此我们可以通过主观修改构图来打破这种均衡。由于右侧的树更加高大,在视线上更近,因此保留这棵树,把它作为重要的前置配景去刻画,而将左侧的树改成背景,简要表达起到衬托画面的作用。

因此,在画初步形体的时候也要有这种取舍的概念,定位好中轴线、地面水平线以后,简要画出塔的形态和前景树木的形态即可(图 6.25)。

图 6.25 起草大形体(塔)

注意:由于该照片是以仰视的角度拍摄的,存在空间透视,因此塔的每一层的高度由下往上看是由高到矮变化的,不要画成相同的层高。

第二步:细化形态(图 6.26)

进一步添加屋檐、主要的柱子、栏杆等结构的定位线。

一定要重视前期的草图,只有大的形态和结构找准了,后期附着在上面的小细节和装饰才能画准确。

第三步:初步墨线(图 6.27)

依据"由大到小、由整到碎"的绘画步骤,先将塔和树木的外形轮廓、大体块关系(如墙体、主要柱子)画出来,参考中轴线和定位线画准形态。

第四步:补充墨线(图 6.28)

在上一步的基础上再寻找塔内部的结构,同样用简化的造型扼要表现即可,重点是要抓住各结构的位置关系、大小比例、抽象外形特征。周边的配景也要适当跟上,整个画面的进展要保持一致。

图 6.26　细化形态（塔）

　图 6.27　初步墨线（塔）

图 6.28　补充墨线(塔)

第五步:清理画纸(图 6.29)

擦除铅笔稿后就能看清塔的大致结构了,在此基础上刻画装饰物和细部构件、表面材质,才不会偏离正确的形态。

再次提醒,不要在绘画初期就抓住某一个局部不放,去深入刻画,这样画到最后非常容易出现基本形态错位、空间透视出错、构图偏移等大问题。越是复杂的画,就越要有整体的观念。

第六步:刻画细节(图 6.30)

画细节时也要按照由主体到配景的步骤。首先关注主体建筑物,将屋顶瓦片的方向、栏杆、门窗框、台阶等小部件补充完善。

第七步:刻画树枝(图 6.31)

接着再去刻画配景的细节,通过补充树枝来确定树冠造型。在画树枝时要按照先画粗枝干,后画末梢细小分叉的顺序进行。

第八步:初步光影表现(图 6.32)

该建筑的光影特征是明暗对比突出,因此也适合采用素描方式进行光影塑造。

图 6.29　清理画纸（塔）

图 6.30　刻画细节（塔）

图 6.31 刻画树枝（塔）

图 6.32 初步光影表现（塔）

该建筑的阴影主要集中在屋檐下,需要通过初步排线来确定阴影位置。此外,门窗的栅格造型和较深的色彩也适合用排线表达,因此可以一起画出来。树干也可通过排线的方法表现出体积感。

注意:初步铺上阴影后会发现整个画面偏灰,空间层次不明显,需要在后期调整去强调明暗关系的对比。这一步需要做的就是确定阴影的位置。

该步骤重点(图6.33):

在刻画树干时要注意:(1)注意观察光源方向。(2)用短线条表现树干的暗部,同时可以体现出树皮的粗糙肌理感,排线时要顺着树干和树枝的生长方向画。(3)由于树冠部位的树枝和树叶通常比较密集,形成的阴影也较多,所以树干一般由下往上越来越暗,端部细小的树枝可以直接用黑色线条表达。(4)树枝并不是标准的直线形,而是曲折生长,绘画时可以用折线表示。

图6.33 光源方向与明暗变化(塔)

第九步:阴影加深与空间层次表达(图6.34)

在上一步已经提及画完初步阴影后整个画面显得灰,所以才会让空间层次看起来很弱,这时需要通过加强暗部的阴影色调来增强对比度,突出层次感。观察照片可以看出屋檐下是阴影最深的地方,可以用更密集的排线或深色马克笔加深阴影,本幅画选用了黑色马克笔。

注意:(1)植物配景的墨色不需要画得太深,应该着重突出建筑主体的实体感和重量,强调画面中心。(2)加深窗框和门框处的阴影能强调空间位置,使窗框和门框有后退的效果。

第十步:补充细节

该步骤重点(图6.35):在主体物大致画完时我们再次观察本幅画面的构图,发现整个画面的重心集中在塔的部位形成一个柱形,这是因为塔的体积大、明暗对比强烈,而周围配景低矮稀少且不完善,使视觉更容易注意到建筑主体,整个构图显得空旷狭窄。为了解决这个问题,我们可以通过增加配景的体量和色度来调整构图。

图 6.34 阴影加深与空间层次表达（塔）

图 6.35 构图观察分析（塔）

在画面的左、右下角分别增加植物配景,让构图的重心更稳。同时刻画树冠暗部以及建筑屋顶、墙面、地面等部位的细节和材质,既能丰富画面又能增加配景的体量感,让配景不会看起来轻飘飘,不会和主体建筑的对比过于显著(图 6.36)。

注意:左下角的树在起草初期已调整成背景用来灵活构图、衬托画面,因此要注意前后遮挡关系,树根和树池应该被背景的房屋挡住,不要画出。此时可以看出整个画面的重心扩散了,不再集中于又细又高的塔部,而是变得更加扎实稳定,使画面达到非对称均衡的视觉效果(图 6.37)。

第十一步:添加灰面(图 6.38)

最后用灰色的马克笔添加一些灰面,加强素描关系,突出空间立体感和完整度。

马克笔添加位置:(1)屋檐下,让结构看起来更整体。(2)柱子和门、窗框等木材质,用来表现这些部位的深色材料特点。此外,选用灰色的另一个原因是和周围的结构线、深色阴影区分,让建筑造型更清晰。(3)树冠暗部,进一步增加配景的体量感,能够衬托得住主体建筑。

图 6.36 补充细节(塔)

图6.37　调整后的构图观察分析（塔）

图6.38　添加灰面（塔）

（四）山坡古建

本幅画的重点与难点（图6.39）：（1）不同种类植物的特征和画法区别。（2）成片植物的快速表现画法。（3）如何让空白的墙面看起来更有细节感。

图6.39　山坡古建

第一步：起草大形体（图6.40）

图6.40　起草大形体（山坡古建）

运用长线勾勒出建筑和植物的大致轮廓,目的是确定位置关系、透视角度,以及大致的形状特点。

第二步:细化形态(图 6.41)

图 6.41　细化形态(山坡古建)

继续添加草图细节,例如将屋檐形状画完整、找到窗户的位置和大小、勾勒大致的石头体块分布等,便于接下来墨线。

第三步:墨线(图 6.42)

按照常规墨线步骤运用针管笔勾勒线稿,按照先主后次的顺序,先画出重要的墙体、柱子、植物与配景的主要轮廓线等可以作为框架基础的物体。

第四步:深入墨线(图 6.43)

接着再画出框架内部的窗户、装饰物、植物叶片等比较琐碎的小物体。

第五步:清理画纸(图 6.44)

擦除铅笔稿清洁画纸,检查构图是否美观、画面中是否有需要改动的物体。

注意:常见的留白一般被运用于天空、水面,本幅构图也采用了大量留白的方式,建筑与景观置于画面右下方,使建筑看起来更沉稳扎实,同时也具有不对称的美。

第六步:刻画细节(图 6.45)

由于该照片的角度没有体现出建筑的明显体块穿插和空间感,因此在屋檐、窗沿、植物等部分添加一些细节线条即可,画出物体的厚度,达到更立体的效果。

图 6.42 墨线（山坡古建）

图 6.43 深入墨线（山坡古建）

图 6.44 清理画纸（山坡古建）

图 6.45 刻画细节（山坡古建）

第七步：光影表现（图 6.46）

通过观察照片判断光源来自画面的左上方，因此阴影要向右偏移，画出建筑屋檐下方、植物背光面、山石背光面等处的阴影。

图 6.46　光影表现（山坡古建）

在画完阴影后会发现建筑墙面过于空白，黑白对比也过于强烈，即缺少灰面，因此还要继续完善细节。

第八步：补充材质与细节（图 6.47）

图 6.47　补充材质与细节（山坡古建）

观察照片可以发现建筑墙体在经过长年累月的风吹日晒后已经形成风化痕迹,局部的墙漆也存在剥落迹象,因此可运用细密的短线条来表现墙体和地面的岁月斑驳痕迹,同时形成过渡的灰面,增加空间层次。

绘画重点:本幅画中出现了不同种类的植物,绘画时应该怎么表现它们各自的特点;画面中成片的植物丛占比较大,应该怎么快速表现这类连成片的植物。

藤蔓类植物:这类植物的特点是藤蔓呈竖向方向,造型活泼灵动,叶片小而密集,叶片的形状也较复杂,因此将每片叶子都画出来不太现实,可以采用"剪影"画法,画出叶丛的外形,局部少量刻画叶子的形状和藤蔓走势,既完整又突出了植物的特点(图6.48)。

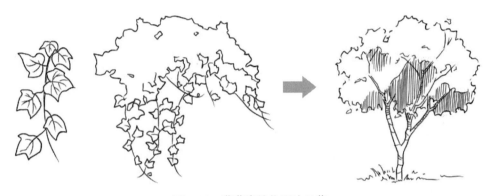

图6.48 藤蔓类植物画法示范

常见乔木:重点在于树冠和树枝的造型,具体可以参考前文例图。

棕榈类植物:这类植物的特点是叶片大,展开类似于扇形,仔细看又可以拆解为一个一个的梭形,因此绘画时要让叶片的底端向中心聚拢,针尖向外散开,类似孔雀开屏状。简化的画法是省略内部细节,只画出叶片丛的外部展开的造型轮廓(图6.49)。

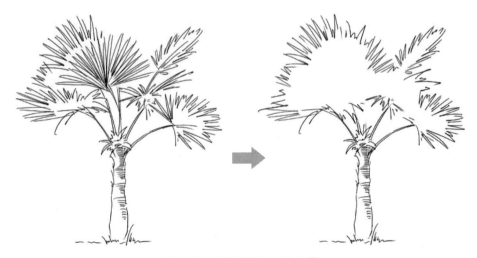

图6.49 棕榈类植物画法示范

　　成片的植物丛:同样运用"剪影"画法,只画出树丛的外轮廓造型,抓住不同植物的特点就可以达到既快速又传神的效果。另外,此类表现手法适用于远处的配景或成片大量的植物配景,丰富且不会抢主体建筑的地位。但如果是靠近镜头比较重要的植物配景,仍需着重刻画(图 6.50)。

图 6.50　树丛画法示范

第七章

绘画步骤解析——现代建筑

一、住宅建筑

（一）独栋住宅

本幅画的重点与难点（图 7.1）：（1）由于本张照片拍摄距离较近，空间透视规律不明显，加上大台阶的遮挡让透视关系比较难理解，怎么寻找灭点、怎么分析本幅构图的透视关系是难点。（2）粗糙的石头表面纹理的表现方法。（3）整个视觉中心是大台阶，怎么才能让画面不显得过于简单、空旷。

图 7.1　独栋住宅

第一步:起草大形体

该步骤重点:如何理解本幅构图的透视关系(表7.1)。

表 7.1　建筑透视拆解

照片	透视关系解析
	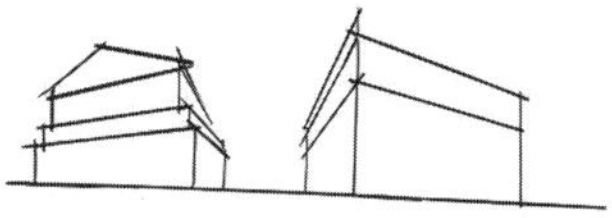 将照片中没拍摄到的建筑部分补充完整后,可以看出实际画面主要是由左侧、右侧两个大的建筑体块构成。
	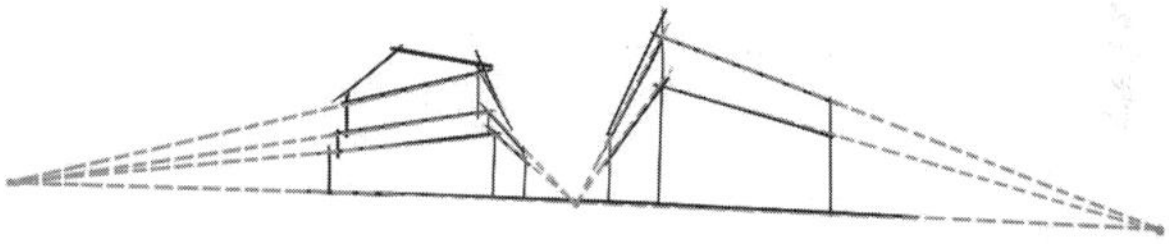 根据体块的透视关系添加辅助线,寻找灭点。可以看出本幅构图属于两点透视,每个建筑物的消失点分别在其左侧和右侧。
	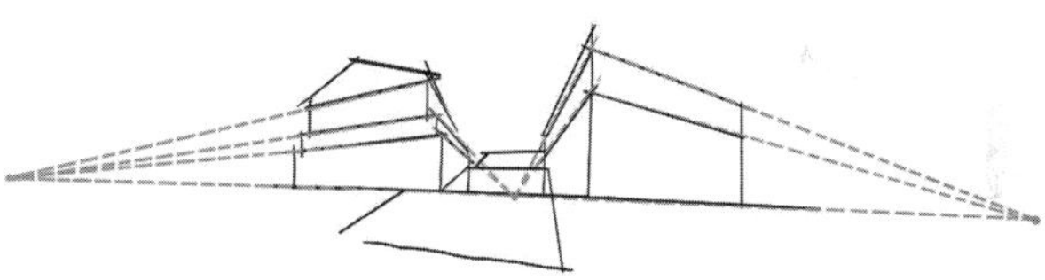 接着补充两个建筑体块中间的台阶部分,也要注意近大远小的空间透视关系。
	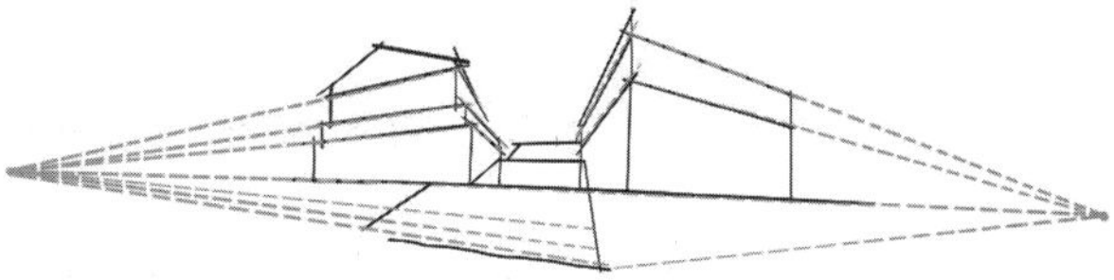 擦去被台阶挡住的辅助线,再将台阶本身的透视辅助线补全,就可以看出完整的两点透视关系了。 后期绘画过程中刻画细节时也要根据这个透视关系来画。

　　初步起草形体画出大体块的轮廓线即可,可以把建筑抽象理解成长方体、三棱柱等几何形体的组合。

　　注意:透视关系拿不准时一定要善用辅助线,还可以借助直尺帮助画准辅助线。前期起草时一定不要怕麻烦,造型和透视定位准确是一幅建筑钢笔画的根基(图7.2)。

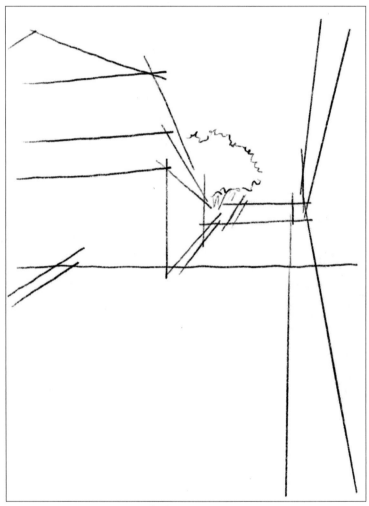

图7.2　起草大形体(独栋住宅)

第二步:细化形态(图 7.3)

图 7.3　细化形态(独栋住宅)

　　用单线把建筑内部的柱体位置、窗口大小、踏步深度、栏杆高度等相对细化的部件定位出来,具体要达到什么深度可以按照自己的习惯去画,保证之后墨线时能理解草稿线条代表的意思即可。要留意踏步的近大远小关系。

第三步:墨线(图7.4)

图7.4 墨线(独栋住宅)

依据铅笔稿进行初步墨线,可以适当修改不准确的形体。

第四步:清理画纸(图 7.5)

图 7.5 清理画纸(独栋住宅)

等针管笔的墨水干后用橡皮轻轻擦除铅笔稿,不要弄脏、弄破画纸,观察画面,思考下一步需要补充刻画的地方。

第五步：刻画细节（图 7.6）

图 7.6　刻画细节（独栋住宅）

　　添加墙面装饰、砖石、云、路边的植物等细节。根据每次画的内容去决定要刻画什么细节物体，不存在绝对的规定，绘画需要灵活思考并逐步培养自己的作画习惯。

第六步：光影初步表现（图 7.7）

图 7.7　光影初步表现（独栋住宅）

　　用常规素描排线的方法给屋檐下、墙面等部位的大面积阴影排线，初步确定光影的关系和位置。排线的方向可以顺应物体的造型走向，以强调物体形态。

第七步：阴影加深（图 7.8）

图 7.8　阴影加深（独栋住宅）

　　进一步将屋檐下、地面等阴影比较深的地方加深，突出光影的层次感和明暗转折关系，进行加深处理后也可以让阴影显得更整。

第八步:材质表现(图7.9)

图7.9　材质表现(独栋住宅)

本幅画主要刻画墙面和台阶石块上的材质,用细密的短排线按照铺装方向排布,可以表现出物体表面坑坑洼洼的效果,也可以用一些曲线或打圈的画法表达物体表面肌理。根据该物体的表面纹理特征以及自己的绘画习惯选择适当的表现手法即可。

同样,刻画材质时也要在明暗交接转折的地方加强排线并逐渐向外虚化过渡,加强空间感。

第九步:添加灰面(图 7.10)

图 7.10　添加灰面(独栋住宅)

可以使用灰色的马克笔添加一些灰面,让体块看起来更完整,空间转折关系更清晰。

第十步:细节的补充完善(图 7.11)

图 7.11　细节的补充完善(独栋住宅)

　　如果不想用马克笔的话,也可以继续用针管笔刻画细节,通过进一步补充材质来突出光影效果,增加画面的丰富程度。可以对比一下使用马克笔和仅使用针管笔的画面效果,没有绝对的哪个好或哪个不好,根据自己想表达的意境选择合适的绘画工具即可。

（二）商住楼

本幅画的重点与难点(图 7.12)：(1) 主体建筑有很多密密麻麻的窗户,造型不规则,不是传统的方形,需要注意每一扇窗户的位置及透视规律。(2) 近处的建筑主体、次近处的建筑配景、远处的建筑背景这三个层次的画法应该怎么区分。

图 7.12　商住楼

第一步:起草大形体(图 7.13)

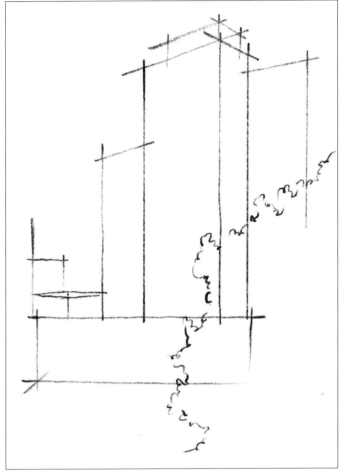

图 7.13 起草大形体(商住楼)

本幅图在起草时可以拆分成三个板块:一是近处的树冠,二是商住楼底层的沿街店铺体块,三是主体商住楼本身的体块。用简单的几何形体去概括表达各部分的位置、大小、基本造型即可,尽管该商住楼有很多弧线圆角造型,但初期我们可以把它简化理解成立方体。

第二步:细化形态(图 7.14)

图 7.14　细化形态(商住楼)

　　要注意:虽然从照片上看得不明显,但是简化建筑体块的造型后可以发现,本幅画为两点透视,消失点分别在画面的左、右两个方向并延伸至画面外,因此在补充窗户的草稿线时也要符合该透视规律。另外也可以适当勾勒沿街行道树和花池造型,确定好预计要画哪些内容、省略哪些内容,并且观察构图是否合适。

第三步:墨线(图 7.15)

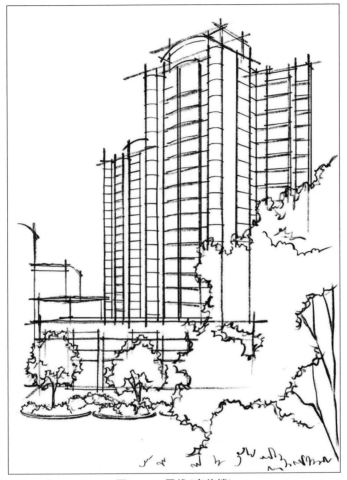

图 7.15　墨线(商住楼)

正图墨线时按照前一步骤草稿确定的物体去画即可,尽量避免"草稿不完整,正图想到哪里画到哪里"的问题。

注意:墨线也不是完全按照铅笔草稿描一遍,而是在草稿辅助线的基础上理解该物体,修正或细化一些形态。例如草稿过程中我们给阳台定位用的是直线,但墨线时只是参考直线表达的透视原理,实际还要按照阳台本身的造型画出弧线。

第四步:清理画纸(图 7.16)

图 7.16　清理画纸(商住楼)

　　擦除铅笔稿,并再一次检查构图是否完整、美观,有没有明显的造型或透视错误。若发现问题及时修正,无大问题则可进行下一步绘画。

第五步:刻画细节(图 7.17)

图 7.17 刻画细节(商住楼)

对于距离最近、占比最大的主体建筑,要深入刻画它的窗沿、窗框、建筑立面线脚造型、栏杆等细节,即利用丰富的细节突出主体物在画面中的地位和视觉焦点。对于左下角次近景的多层楼房,简单画出基本的窗户大小和位置即可。而对于左下角远景的高层商住楼,仅画出楼体的轮廓线即可。

注意:要区分这三个空间层次在刻画细节上的虚实区别,总结起来基本原则就是"近处实远处虚,主体实配景虚"。

第六步:初步光影(图 7.18)

图 7.18　初步光影(商住楼)

在物体的造型墨线基本完成后就可以刻画光影关系了。

本张照片没有很明显的大面积阴影面,阴影主要集中在窗沿下、窗户内部等琐碎的部位,需要耐心地去不断重复刻画每个小体块,这也是本幅画的一个难点。

注意:不同部位的阴影可以选择不同的排线方向,以避免各个块面之间相互混淆。

第七步：光影强调(图 7.19)

图 7.19　光影强调(商住楼)

初步平铺阴影后画面会显得体块层次感弱，总体偏灰，因此还需要进一步强调阴影较明显、较深的地方，主要在暗面与亮面交接的地方，例如突出的窗沿或装饰线脚的背光面。

选择不同方向的排线能更好地起到强调和加深的效果，当然也可以选择深色马克笔强化明暗对比。

第八步:添加灰面(图 7.20)

图 7.20　添加灰面(商住楼)

　　最后用浅灰色的马克笔适当添加一些灰面,可以让排线处显得更加整齐,也能增加空间的层次变化。

(三)小区门楼

　　本幅画的重点与难点(图 7.21):(1)本张照片背景中的楼群在构图上影响了主体建筑的视觉中心,如何突出主体并弱化背景。(2)光源不明显,阴影应该画在什么地方。(3)建筑颜色丰富,如何利用灰面的塑造来表现不同色彩。

图 7.21 小区门楼

第一步:起草大形体(图 7.22)

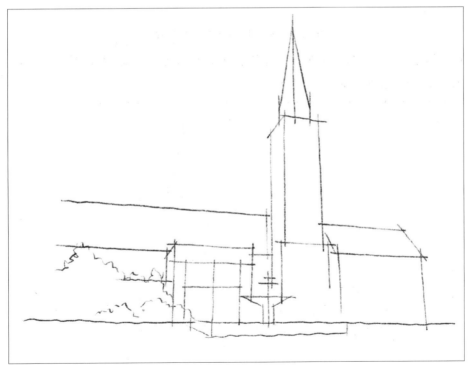

图 7.22 起草大形体(小区门楼)

处理这类构图中的背景建筑群有两种比较常见的方法:一种是直接省略背景不画,更能突出主体建筑;一种是简化背景,在不争夺主体建筑视觉中心的基础上衬托出环境氛围。我们先采用省略背景的画法尝试绘制效果图。

第二步:补充构件草图(图 7.23)

图 7.23　补充构件草图(小区门楼)

在大的建筑形体中概括地画出构件和定位线,用来确定窗洞、柱子、线脚等位置。

第三步:补充装饰草图(图 7.24)

图 7.24　补充装饰草图(小区门楼)

按照定位线确定的位置补充门窗、钟表盘等装饰物,草稿阶段用单线绘制即可。若墨线功力较深,可以在草稿阶段尽可能地简化,避免铅笔线条过多而容易蹭脏画纸。

第四步:墨线(图 7.25)

图 7.25　墨线(小区门楼)

接着进行常规墨线步骤。因为本次草稿绘制得较细致,墨线可以直接按照草稿进行,暂时无须添加其他细节。

第五步:清理画纸(图 7.26)

墨水干燥后擦除铅笔稿,检查画面有无明显问题,包括构图、透视关系、基本造型等。若问题较小,可以在后期刻画细节和明暗关系时调整;若问题较大,则需要重画。

第六步:刻画细节(图 7.27)

补充门窗框架、石膏线脚、钟表盘、柱头等装饰部件,丰富画面细节。

注意:(1)刻画细节时也要按照建筑的整个透视关系进行,尤其要注意观察老虎窗的透视角度存在变化,并不是完全朝向同一个方向。(2)重复的造型较多,并不复杂,但是需要有耐心。

图 7.26　清理画纸（小区门楼）

图 7.27　刻画细节（小区门楼）

第七步：光影和材质表现(图 7.28)

图 7.28　光影和材质表现(小区门楼)

　　本幅画的光源在头顶,因此建筑物和地面上的投影并不多,此时用粗一点儿的针管笔强调门窗洞和线脚明暗转折处的阴影,就能体现出立体感。用排线画出屋顶材质,除了体现屋瓦的肌理感之外,还可以帮助区分屋顶和墙体的色彩差异,同时也可以帮助表现不同体块的空间位置划分。

　　第八步：添加背景(图 7.29)

　　到上一步为止我们发现,用省略背景的画法会使建筑显得过于突兀。这是因为该建筑主体装饰较复杂,在画面中显得较重,加之高挑的塔楼让建筑看起来更孤立,因此本幅作品需要补充简单的背景建筑群用来衬托主体。为了不和主体建筑抢镜,背景建筑群用大体块概括即可,造型可以再简洁抽象一点儿,这样就可以烘托出空间的纵向透视和氛围感。

　　第九步：补充背景细节(图 7.30)

　　可以再为背景建筑群添加一些线脚装饰,和主体建筑形成一定的呼应。切记不要把背景画得太过精细复杂,画面构图要强调主体物的地位。

　　第十步：添加灰面(图 7.31)

　　最后,可以选用浅色的马克笔进行局部铺色,用来区分不同墙体部位的材质色彩,划分前后空间感,也能让结构看起来更完整。

图 7.29　添加背景（小区门楼）

图 7.30　补充背景细节（小区门楼）

图 7.31 添加灰面（小区门楼）

二、公共建筑

（一）建筑群

本幅画的重点与难点（图 7.32）：（1）远景构图通常看不清建筑细节,应该怎么处理,画法和前述范图列举的画法有什么区别。（2）水面应该怎么表现。（3）夜景的光源无固定方向,应该怎么确定亮面以及暗面。

图 7.32　建筑群

第一步:起草大形体(图 7.33)

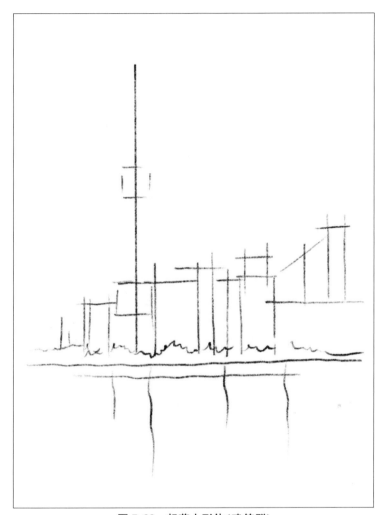

图 7.33 起草大形体(建筑群)

本张照片拍摄了一个建筑群远景,这些建筑前后错落的变化属于本幅构图的一个特点,在找形时要了解各建筑之间的前后遮挡关系,如果不确定的话一定要加上辅助线来帮助定位。使用几何体概括各建筑的位置和造型即可,重点关注建筑物的位置关系、高度等群体特征,而不用过于拘泥于具体造型。

第二步：细化形态(图 7.34)

图 7.34 细化形态(建筑群)

　　由于建筑物都处在较远的位置,可看清的细节较少,因此需要补充的草稿细节也很有限,这里确定好各建筑的基本轮廓造型、明显的窗户位置和结构特征等即可。

第三步：墨线（图 7.35）

图 7.35　墨线（建筑群）

根据本次取景的"远距离"和"少细节"这两大特点，选择画法时用更概括、粗犷的快速表现方式更合适，关键是要去把握建筑群的大的造型关系，避免捏造细节。这和之前的例图画法有所区别。

因此，这一步墨线简要画出建筑的造型轮廓、基本结构即可，线条也可以更随意一些。

第四步:清理画纸(图 7.36)

图 7.36　清理画纸(建筑群)

清除铅笔稿后可以发现本次画面和以往的范图相比看起来更简单,需要通过补充配景和强调光影关系去丰富画面效果。

第五步：刻画细节（图 7.37）

图 7.37　刻画细节（建筑群）

在画光影之前，要先简单刻画部分建筑的窗户造型、水面和植物。

注意：水面的常见画法是用水平排线去表示波纹，不需要排满，而是在倒影的位置表达出活泼的形状。当然排线法不是绝对的，用曲线或折线等线条描绘水流动的特征也可以，大家可以尝试用不同类型的线条表现出画面效果。画完后可以看出目前构图的重心偏画面右下角，需要后期进行调整。

第六步：光影表现（图 7.38）

图 7.38　光影表现（建筑群）

选用黑色马克笔强调明暗对比关系，落笔可以大胆随意一些。

虽然夜景和白天的光线不同，没有一个固定方向的光源，但我们可以根据灯光照射的方向去调整不同建筑的亮面、暗面所在的位置。仍需记住每一个单独的建筑都是立体的，要表现出它们的体积感。

注意：可用马克笔强调画面左侧景物，运用着墨的浓淡调整构图重心。

第七步:天空配景(图 7.39)

图 7.39　天空配景(建筑群)

最后,用折线画出天空上云的流动造型,丰富画面,同时也可以进一步修正画面的重心,让原本重心偏右下方的构图更加稳定均衡。

这样一幅快速表现的建筑群画就完成了。

(二)连体建筑

本幅画的重点与难点(图 7.40):(1)虽然该建筑是单纯的直线形几何造型,但建筑形体的穿插关系相对复杂,加之窗洞数量多,绘画时需要注意让所有的体块透视关系保持一致。(2)光源方向不明显,使得明暗关系不够突出,且建筑本身有一些深色的装饰,视觉效果上灰面较多,绘画时要如何取舍从而强化画面的明暗对比。

图 7.40 连体建筑

第一步：起草大形体（图 7.41）

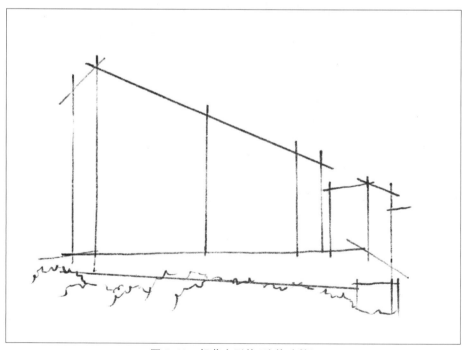

图 7.41 起草大形体（连体建筑）

该建筑是一个比较标准的两点透视视角，可以把它看成长方体，先给主体建筑和右侧的配景建筑定位，找准外轮廓的透视角度、形体大小、重要的分割线位置。

第二步:细化形态(图 7.42)

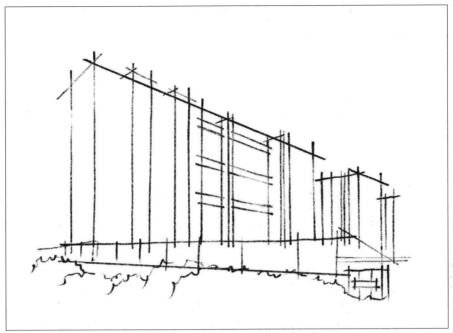

图 7.42 细化形态(连体建筑)

进一步细化分割形态,开始寻找建筑内部穿插的主要结构体块,围栏和配景也要一同细化,避免一味地刻画主体物而导致画面进展不平衡的问题,即画面进展要保持一致。

第三步:深度细化形体(图 7.43)

图 7.43 深度细化形体(连体建筑)

　　由于该建筑的体块穿插较多,需要判断清楚各构件之间的空间关系,因此尽量在铅笔稿阶段充分起草,起到辅助作用,避免后期墨线时出错。此时可以看出建筑部分细节饱满但周围空旷,显得建筑主体被孤立,因此可以适当丰富植物、添加云朵等配景让整个构图更和谐均衡。

　　第四步:墨线(图7.44)

图7.44　墨线(连体建筑)

　　此时根据铅笔稿正常墨线即可,线条交接的地方可以露出头,显得笔法更洒脱。该建筑的长直线较多,若徒手画不准可以借助尺规工具。

　　注意:借助尺规是为了画准线的位置不让造型出错,而不是为了把线条画直。

　　第五步:清理画纸(图7.45)

　　待墨水干透后擦除铅笔稿,检查结构是否准确。这类体块穿插比较复杂的建筑在墨线时容易出现线条遗漏的地方,要进行查漏补缺。

　　第六步:构件细节(图7.46)

　　这里将细节刻画分成两部分:一类是窗洞、栏杆等构件的细节,一类是立面表皮装饰的细节。先从结构类的部位画起,然后再去刻画表面,即遵循"先主要后次要,先骨架后表皮"的绘画步骤原则。

　　注意:在画窗洞时也要注意透视问题,根据建筑大体块的透视关系走,与前述章节马路街景当中举例的画法相同。

图 7.45 清理画纸（连体建筑）

图 7.46 构件细节（连体建筑）

第七步：材质细节（图 7.47）

图 7.47　材质细节（连体建筑）

接下来刻画表皮的材质、装饰物等细节。

观察照片可以看出，局部材质的纹理呈纵向排列，因此排线时也选择纵向的密集短线来画。建筑外立面还有一些深色的长条状装饰，可以选用深色马克笔一笔带过，打破整个建筑过度"灰色"的色调，起到突出装饰又区分不同材质的效果。

第八步：刻画阴影（图 7.48）

图 7.48　刻画阴影（连体建筑）

由于建筑结构使用了一些短线条,立面装饰也有较多的短排线,因此在刻画阴影时不适合使用常规的排线画法,容易和周围的结构线、装饰线混淆。

选择浅灰色马克笔用"块面"的上色方式将重要部位的阴影画出来,并使用深色马克笔强调窗洞下方的明暗对比关系,突出空间层次感。

（三）博物馆

本幅画的重点与难点(图7.49):(1)单体建筑的透视变形问题,在前述步行街的绘画范例中提及过,相机近距离仰角拍摄高大的建筑时会出现透视变形,使原本垂直于地面的物体看起来倾斜,那么在画单体建筑时如何修正透视变形让画面看起来更自然。(2)钟表圆盘形态的透视变化。

图 7.49　博物馆

建筑钢笔画步骤与问题详解

第一步:起草大形体(图 7.50)

图 7.50　起草大形体(博物馆)

通过分析照片可以看出该建筑的观察视角属于三点透视的仰视,即表示竖向高度方向的延长线汇聚消失在天空形成了第三个灭点。但由于拍摄角度过于靠近建筑,使纵向的透视角度过大,加上画面倾斜,产生的透视变形会影响画面的自然美观程度。

具体来说,本幅构图看起来不自然的一个主要原因是建筑的中轴线倾斜严重,因此在修正透视变形时要重点调整中轴线,使其垂直于画面的水平线。

此外,其他墙体、柱子略微向中心的倾斜可以依据画面想表达的效果做适当保留,强化建筑物"高大雄伟"的特征,以及再现"由下往上"观看的行人视角。

该步骤重点:透视修正方法解析(表 7.2)。

表7.2　透视修正

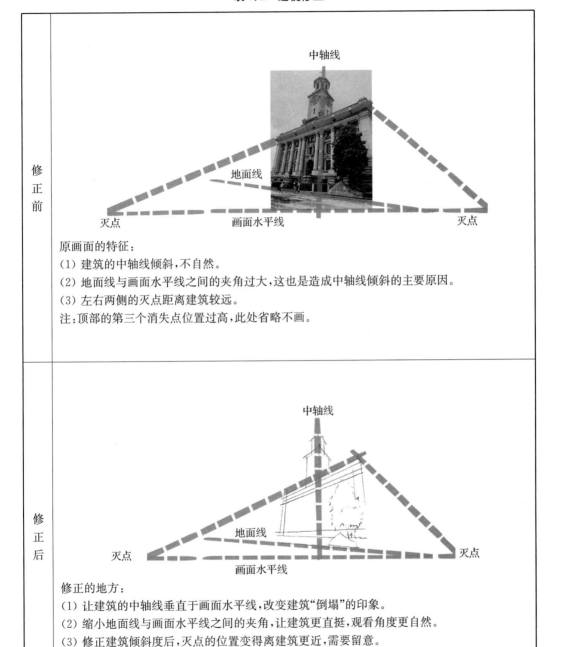

修正前	原画面的特征： (1) 建筑的中轴线倾斜,不自然。 (2) 地面线与画面水平线之间的夹角过大,这也是造成中轴线倾斜的主要原因。 (3) 左右两侧的灭点距离建筑较远。 注:顶部的第三个消失点位置过高,此处省略不画。
修正后	修正的地方： (1) 让建筑的中轴线垂直于画面水平线,改变建筑"倒塌"的印象。 (2) 缩小地面线与画面水平线之间的夹角,让建筑更直挺,观看角度更自然。 (3) 修正建筑倾斜度后,灭点的位置变得离建筑更近,需要留意。 注:顶部的第三个消失点位置过高,此处省略不画。

第二步:细化形态(图7.51)

图 7.51　细化形态(博物馆)

　　补充柱子、窗洞、台阶、钟表等主要部件的定位线,此时不要刻画细节装饰,找准主要轮廓形态即可。

　　该步骤重点:表盘这一类圆形部件的形态会随着观察角度的变化而改变,也就是说圆形也存在透视,当我们从正面观察时呈正圆形态,当我们的位置向侧边移动时正圆看起来会变成椭圆(图7.52)。

　　要留意这里的圆形并不包括圆球体,可以观察家中的碗碟等物体来理解其透视变化。

　　第三步:墨线(图7.53)

　　按照铅笔稿的定位线来墨线,徒手墨线让线条适当抖动、出头可以增加画面的灵活性,遇到长直线画不准的情况也可以借助直尺。

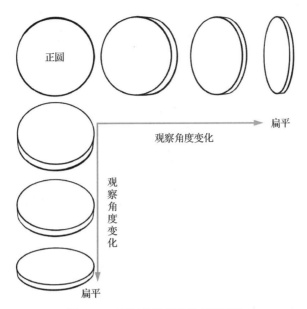

正圆

观察角度变化

扁平

观
察
角
度
变
化

扁平

图 7.52 圆盘的透视变化（博物馆）

图 7.53 墨线（博物馆）

第四步:清理画纸(图 7.54)

图 7.54　清理画纸(博物馆)

　　擦除铅笔稿,检查大形态有没有明显错误,重点查看各部位的透视逻辑是否一致、准确。

　　注意:钟表盘的形态也随着透视变化,并非"正圆"。

第五步:刻画细节(图 7.55)

图 7.55 刻画细节(博物馆)

刻画门洞、窗户、线脚等装饰细节。因为已在草图过程中提前定位好各部件的基本形态,确定了空间透视关系,在此基础上增加细节就不容易出现造型错误。

第六步:补充细节(图 7.56)

图 7.56 补充细节(博物馆)

补充立面材质、窗框、栏杆、台阶、文字、树木等装饰物的细节,增加画面的丰富度。

注意:在建筑钢笔画中,可以对一些细节装饰做适当省略或概括表现处理。在选择需要对哪些细节进行刻画、对哪些细节进行概括时,可以参考以下两点:(1)主要的结构构件类一般要画出,根据远近虚实关系,阴影处或远处的构件可以虚化或用简单的形态概括进行处理。(2)雕花纹样、局部材质等装饰类构件可以根据画面的完成度来判断,讲求不破坏整体性和美感,比如省略后不会让画面显得不完整,不会影响画面要表达的重点。

第七步：光影表现(图7.57)

图7.57　光影表现(博物馆)

在檐下、门洞和窗洞处用深色去强调阴影,增加空间的体块感和纵深感。对于这类没有明显光源、明暗对比不明显的情况,无须画大面积的阴影,用白描为主并结合局部排线修饰的手法来表现即可。

(四)火车站

本幅画的重点与难点(图7.58)：(1) 受到拍摄角度的影响,整个建筑构图显得倾斜,需要在前期构图时主动调整。(2) 行人较多,若不画行人应该怎么处理建筑与地面的交接处。(3) 光源几乎为全背光,灰面占比大,怎么处理明暗关系。

图 7.58　火车站

第一步:起草大形体(图 7.59)

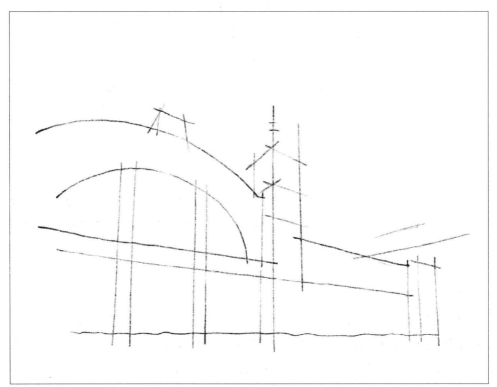

图 7.59　起草大形体(火车站)

　　和上一张例图一样,由于拍摄角度的原因建筑的中轴线倾斜明显,需要在画草图时修正此问题,调整中轴线使其垂直于画面水平线,同时调整地面线条使其平行于水平线,这样看起来会更符合正常的观察角度。另外,该建筑的观察角度也是比较典型的三点透视的仰视,建筑高度的延长线汇聚消失在天空中的第三个灭点。由于高度线和水平线之间的倾斜角度过大,建筑变形有些明显,在绘画时可以主观修正一下透视角度,让建筑看起来更舒服。建筑体块用长线概括出基本造型,先不要画内部的部件和装饰物。

　　第二步:起草构件(图 7.60)

图 7.60　起草构件(火车站)

　　接着画出柱子、门洞、屋顶等构件,可以先用单线条来确定位置比例,后面刻画细节时再用双线画出它们的空间深度。

　　第三步:起草装饰(图 7.61)

　　本幅画的小细节较多,可以在草稿阶段画出来,例如时钟表盘造型、站名文字、装饰线脚、细小的窗洞等,避免墨线时位置或造型画不准确,出现杂乱或透视矛盾等问题。

　　第四步:墨线(图 7.62)

　　根据刚才画好的草稿墨线即可。本次墨线为徒手线条,画长线时笔速放慢可以减少线条打弯方便控制笔尖的走向,画短线时笔速加快能够达到笔直又干脆利落的效果。地面水平线可以适当添加一些抖动,和硬朗的建筑相比更活泼。但如果初学者不擅长画长线,则仍需适当借助尺规工具。

图 7.61　起草装饰（火车站）

图 7.62　墨线（火车站）

第五步：清理画纸（图7.63）

图7.63　清理画纸（火车站）

擦除铅笔草稿，检查建筑整体以及内部构件的形态、透视均无明显问题后，观察画面，判断后续需要补充刻画的地方。

第六步：刻画细节（图7.64）

补充玻璃窗框架、线脚、装饰构件、未画完的窗洞。地面砖石的消失点也要根据建筑透视走，地面不用画太满，适当留白可以突出视觉重心并增加艺术效果。

第七步：补充细节（图7.65）

继续补充细节，对之前用单线概括表现的一些造型进行深化处理，主要是画出物体的厚度体积，让其具有视觉上的三维空间特征而不是囿于二维平面。

第八步：添加材质（图7.66）

仔细观察照片可以看出墙体上贴有墙砖，屋顶排列着整齐的瓦片，把这些材质也适度表现在画面上，不必刻画太满。因为该建筑本身的线条造型比较繁复，若材质铺满会让整个建筑显得凌乱，难以区分哪些是构件哪些是装饰线条，因此可以省略一些不必要的材质，尽量让画面通透。

第九步：光影表现（图7.67）

画出初步阴影。由于整个建筑几乎都背光，若画出全部背光面的阴影同样会让画面显得乱而灰，因此主要刻画门、窗洞、明暗交界线处这些最暗、最重点部位的阴影即可。

143

注意：阴影也不要完全涂黑涂实，会显得过于呆板，要保留一些用来"透气"的留白。

图 7.64　刻画细节（火车站）

图 7.65　补充细节（火车站）

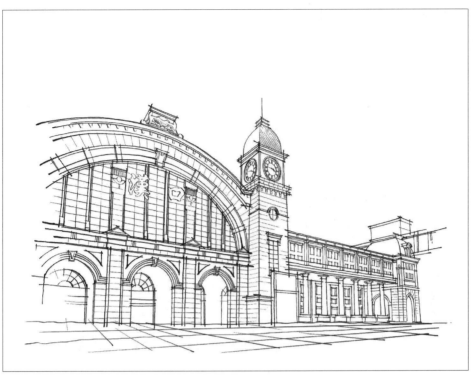

图 7.66 添加材质（火车站）

图 7.67 光影表现（火车站）

第十步:加深暗部(图 7.68)

图 7.68　加深暗部(火车站)

对于这种线条较多、灰面较多的画,可以用深色马克笔在明暗交接线处给阴影加深,突出空间转折效果,也让画面的明暗关系更加清晰,使画面更具重量感。

第十一步:光影的补充完善与修饰构图(图 7.69)

到上一个步骤为止本幅画已经基本完成,可以结束绘画。

如果想继续丰富画面细节,可以进一步用较细的针管笔刻画出玻璃灰面,帮助区分玻璃和柱体,并通过增加地面和云朵线条调整画面重心,增加画面右侧的视觉重量,让原本视觉偏左侧的画面看起来更均衡。

(五) 方盒子办公楼

本幅画的重点与难点(图 7.70):(1)窗户的透视是非常容易出错的地方,在街景的例图中已经介绍过画法步骤,这里再加强回顾。(2)汽车是建筑钢笔画中经常出现的配景之一,应该怎么表现。

图 7.69　光影的补充完善与修饰构图（火车站）

图 7.70　方盒子办公楼

第一步：起草大形体（图 7.71）

该建筑是比较规整的立方体造型，形态特征明显，初步起草时把它看成一个立方体来画即可。在确定地面位置之后,去定位它的高度、两个立面交接面的宽度。

由于植物在本构图中所占比例较大,是主要配景物,因此起草时也可以大致定好树冠的位置和造型。画面的右下角,用简易的长方形框出汽车的大小边缘,先别画细节,注意近大远小的变化。

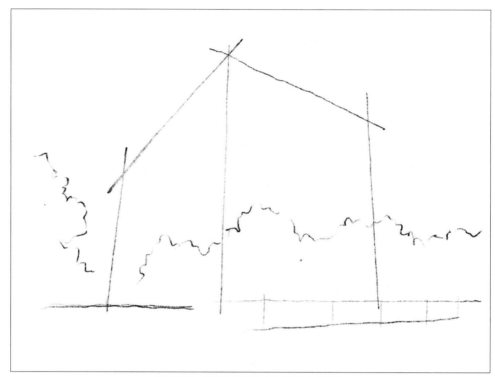

图 7.71 起草大形体(方盒子办公楼)

第二步:细化形态(图 7.72)

观察建筑形体,可以看出存在一些凹凸的体块交错,要把这些体块穿插的造型表现出来。注意这一步也是先细化大的体块,内部的窗户装饰等细节的绘画步骤还要往后顺延。

这时可以给汽车画出大致的体块造型。如果直接画汽车会发现它的造型看似简单实则复杂,外壳有很多圆角和弧度,很难了解其形态构造。这里把车子抽象地拆分为几何形体便于我们理解,分成上下两部分:一部分是下方横向的长方体,另一部分是顶部的梯形多面体。

另外,再补充树冠的造型以及灯柱。

第三步:窗户定位(图 7.73)

该建筑的小方窗较多,这种窗户看似整齐好画,但在实际的绘画过程中非常容易出现透视错误。再回顾一遍基本透视原理,本建筑的观察视角是三点透视,即除了水平方向的透视以外,还存在一个向上消失的透视,也需要在窗户中表现出来。

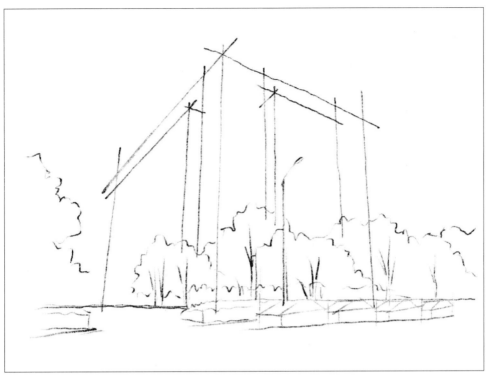

图 7.72 细化形态（方盒子办公楼）

图 7.73 窗户定位（方盒子办公楼）

拿画面中建筑的左立面举例,存在一个明显的与左侧水平线相交消失的倾向(绘制延长线发现灭点在画面的左外侧),顺应这个透视绘制窗户辅助线,能保证每一扇窗户的空间逻辑正确。向上的辅助线以及右侧立面辅助线同理。

第四步:墨线(图7.74)

图7.74　墨线(方盒子办公楼)

根据铅笔草稿墨线,画窗户时要注意区分哪些地方是应该墨线的,哪些地方是定位辅助线需要删除不画的。

另外在给汽车墨线时,注意不要完全按照抽象的几何体来画,应该在几何体的基础上根据实际的汽车造型画出倒角、弧线等造型。如果拿捏不准汽车形态,可以在上一步中深入细化汽车的草稿。

第五步:清理画纸(图7.75)

擦干净铅笔草稿就可以看清整个画面的基本墨线了。在草稿辅助线的帮助下,墨线后的窗户排列整齐,上下左右位置对应准确,近大远小的透视关系也表达清楚。汽车也能看出近大远小的变化,符合基本空间透视原理。

第六步:补充细节(图7.76)

画出窗户等一些小部件的空间厚度、外立面装饰线、玻璃以及植物枝干。

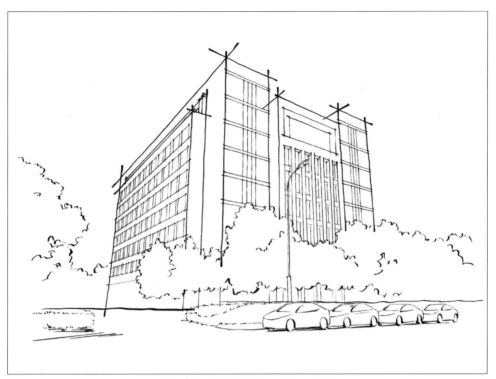

图 7.75 清理画纸（方盒子办公楼）

图 7.76 补充细节（方盒子办公楼）

第七步：刻画汽车（图 7.77）

进一步画出斑马线，可以用随意一点儿的线条表示地面，同时也可以加重右下角的视觉重量达到画面平衡。刻画汽车的细节，包括车灯造型、轮胎厚度及框架、车头车牌、门把手等，增加画面的丰富程度。

图 7.77　刻画汽车（方盒子办公楼）

第八步：刻画树木（图 7.78）

树木包括行道树以及灌木丛，可用波折线抽象表示树冠和树叶的造型。由于该照片的光源来自顶部，因此线条集中在树冠下方以加强厚度和光影感。

第九步：光影的补充完善（图 7.79）

进一步刻画光影。因为没有明显的侧光，整个建筑体的亮面和暗面对比不强烈，主要强调窗洞内部的阴影表现出凹凸感即可。另外，可利用排线塑造灰面表达玻璃的色彩感。

（六）退台式建筑

本幅画的重点与难点（图 7.80）：（1）构图问题。地面在照片中占比大但是又很空旷，造成画面重心偏上、头重脚轻的问题。绘画时需要调整构图让重心下移，增加画面稳定感。（2）建筑本身不是常见的方盒子体块。因此要留意它的形态特点、流线走向和规律，加之它的平面是一个折线形，使立面的一个面存在透视角度的变化，要和其他立面进行区分。（3）建筑开窗较多，虽然造型并不复杂，但是需要耐心刻画，注意上下结构对齐。

图 7.78 刻画树木（方盒子办公楼）

图 7.79 光影的补充完善（方盒子办公楼）

图 7.80　退台式建筑

第一步：起草大形体(图 7.81)

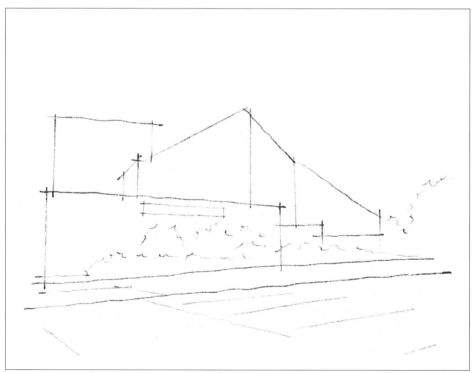

图 7.81　起草大形体(退台式建筑)

可以把构筑物大致分为主体退台式建筑、近似长方体的背景高楼、横向的前景白色低矮建筑、侧边的玻璃房这几个部分,分别勾勒出它们的基本造型边界。另外,确定地面位置、斑马线和行车线的大致走向、植物花坛的方位。

注意:在起草时就把建筑下移,增加天空占比而减少地面占比,这样视觉中心就集中在了画面中部偏下的位置。

第二步:细化形态(图 7.82)

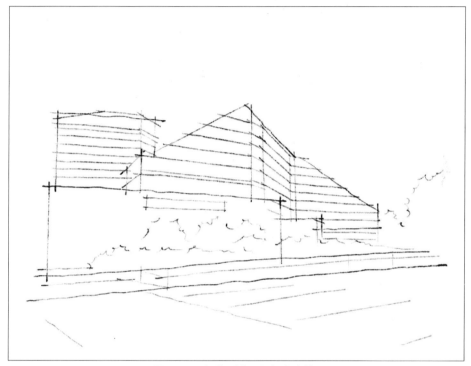

图 7.82　细化形态(退台式建筑)

这一步的细化草图主要是对建筑分层,确定每层楼的顶面和底面位置。

注意:特别要留意主体建筑受视线观察角度影响带来的透视递进变化,包括三个体块近大远小的变化和每层楼上低下高的变化。另外,建筑本身是退台形式,也存在每层楼上窄下宽的变化。

第三步:墨线(图 7.83)

该图在墨线时需要进行补充完善的地方较多,主要是将主体建筑退台位置的体块造型补充完善,形成错落有致、层层递进的空间感。地面的斑马线和行车线先用单线画出位置,注意每条线之间的间隙同样有近大远小的变化。

第四步:清理画纸(图 7.84)

清除铅笔稿后主体建筑的错落造型就比较明显了,在此基础上进一步刻画细节即可。由于整个建筑的框架线条和材质线条较多,为了能够看清结构,本次我们选择白描的技法来画。

图 7.83　墨线（退台式建筑）

图 7.84　清理画纸（退台式建筑）

第五步:刻画细节(图 7.85)

图 7.85 刻画细节(退台式建筑)

在细节刻画方面,我们也拆分成两大步骤。首先,刻画建筑的主要横向结构,例如每一层的楼板,地面的水平斑马线和行车线也要同步完善,让画面每个局部进展均衡。

第六步:补充细节(图 7.86)

接着刻画纵向构建,例如竖向分割窗户的片墙。此处要小心窗户宽度的透视变化,与观察视角呈倾斜角度的那面墙的窗户看起来会更密集,而它两侧的立面墙体上的窗户则看起来更舒展。

第七步:材质表现(图 7.87)

添加前景建筑的立面材质,画出墙砖的拼接纹理,但是不要全部画满,否则显得拥挤,用局部省略留白的方式去表现。

退台式建筑的窗户玻璃也一样,只画出局部的玻璃拼接缝隙,其余部分省略,让每一个窗洞都看起来更完整、更明显,不要让过多的线条加重画面零碎感。另外,顺便将每层楼顶的栏杆补充完整。

第八步:完善画面(图 7.88)

用局部排线的方式画出花坛树丛的空间体积感。另外,通过在右上方的天空补充一些云来平衡画面构图。

157

图 7.86 补充细节（退台式建筑）

图 7.87 材质表现（退台式建筑）

图 7.88 完善画面（退台式建筑）

（七）俯瞰城市

本幅画的重点与难点（图 7.89）：（1）俯瞰角度的建筑能看到大部分屋顶，要注意和平时常画的建筑角度区分开。（2）群体建筑的位置关系比较复杂，定位困难，需要耐心观察。（3）每个建筑的朝向都有一点儿变化，因此透视角度不同，绘画时也需要留意。

图 7.89 俯瞰城市

第一步：起草大形体(图 7.90)

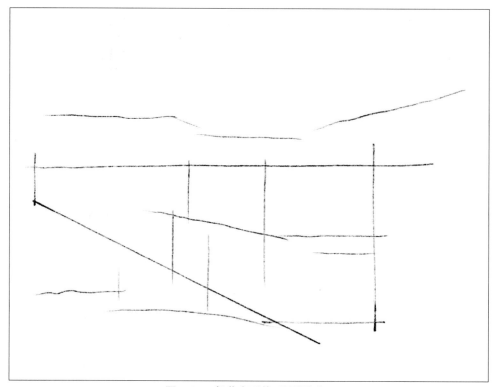

图 7.90 起草大形体(俯瞰城市)

该建筑群体比较复杂,因此草图需要分多个步骤绘画。首先,用长线找出大的位置关系,区分建筑区域位置、植物区域位置、道路区域位置,把这三个主要部位分开。

第二步：分割体块(图 7.91)

接着,在建筑区域内分割建筑体块,用单线找出每栋建筑的定位,包括屋顶高度、左右墙体位置、底面位置。部分建筑之间存在遮挡关系,要留意观察,提前在草图上表现出来。

第三步：补充构件(图 7.92)

进一步为建筑内部的门窗洞等小构件定位,特别是连排的窗户要注意统一透视角度,多利用辅助线,方便后续墨线时画准形体。

第四步：墨线(图 7.93)

由于草图比较细致,所以直接墨线即可。但要注意有些铅笔稿仅仅是充当辅助线的,墨线时不能画出来,而应在辅助线的基础上适当修改、补充或塑形,将正确的物体造型刻画完整。

第五步：清理画纸(图 7.94)

清理画纸后可以看出墨线图和铅笔草图的区别,多去观察、比较,进而理解不同步骤的画法逻辑和要点。

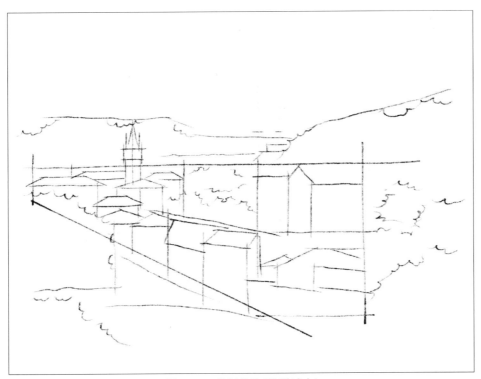

图 7.91　分割体块（俯瞰城市）

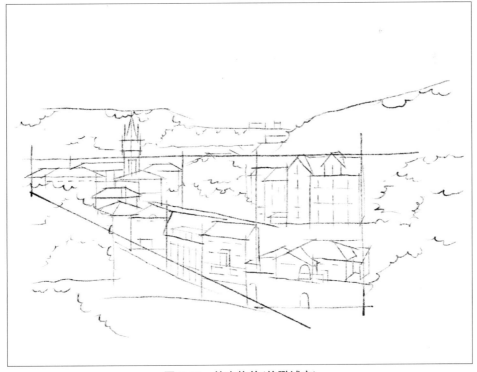

图 7.92　补充构件（俯瞰城市）

图 7.93 墨线（俯瞰城市）

图 7.94 清理画纸（俯瞰城市）

第六步：刻画细节（图7.95）

图7.95　刻画细节（俯瞰城市）

刻画道路、植物树冠、窗框、建筑线脚造型等细节，完善画面丰富程度。本幅画的建筑细节相对较少，更应该把重点放在群体建筑和植物丛的相互关系上，把握大的空间效果。

第七步：补充细节（图7.96）

刻画建筑屋顶的瓦片材质，用简略的直线排线来表示。一方面是塑造肌理，另一方面也可以让深色屋顶和白色墙体产生对比。

道路表面也用排线来表达。此处的线条不必像屋顶瓦片的排线那样笔直均匀，而是添加一些折线和留白，区分道路的曲折活泼和建筑的整齐庄重。

第八步：光影表现（图7.97）

画出基本光影的位置。光源大部分来自上方，因此阴影会集中在树冠的下方，树冠顶部则用留白表示受光面。

第九步：光影的补充完善（图7.98）

画完初步阴影后整个画面的调子比较灰，缺乏层次，因此还需要在局部添加更重的暗面来强化对比关系，增加空间体积感。这些更暗的背光面主要集中在门窗洞、屋檐下方、明暗交界处等部位。另外，还要注意刻画不同物体的明暗关系时要尽量表现出差异，例如前方的物体更亮、背景的物体更暗，起到衬托的效果。

图 7.96 补充细节（俯瞰城市）

图 7.97 光影表现（俯瞰城市）

图 7.98 光影的补充完善(俯瞰城市)

第八章

绘画步骤解析——小品景观

一、小品

(一) 雕塑

本幅画的重点与难点(图 8.1)：(1) 动物铜像是建筑钢笔画中不常出现的物体,属于雕塑小品类,其透视关系与几何形状的建筑物不同,如何起草形体对于新手来说是一个难点。(2) 如何通过线条的塑造和明暗关系表现出动物的体积感。(3) 雕像的动物和真实的动物有什么画法区别。(4) 夜景下的明暗关系应该如何表达。

图 8.1　雕塑

第一步:起草大形体(图8.2)

图8.2　起草大形体(雕塑)

建筑部分的形体和常规画法相同,即寻找透视和灭点、主要的墙体定位线。

画动物铜像可以通过寻找主要关节点、肢体骨骼的大致方向来确定基本造型。画动物与画建筑一样,切忌从一开始就刻画细节,一定要有"大"和"整"的观念,先从确定基本形体画起。

注意,通常在画动物或人物草图时需要定位的主要身体部分:(1)头部,可用抽象的几何形体表示头部位置及角度(常用椭圆、圆形)。(2)胸腔和腹腔,同样用抽象的几何形体概括表示(常用梯形、圆形)。(3)关节,主要定位肩关节、肘关节、髋关节等身体的主要节点(常用圆点表示)。(4)骨骼,通常使用直线连接各个关节,用来表述肢体的动态走向。

第二步：细化形态（图 8.3）

图 8.3 细化形态（雕塑）

建筑部分：主要寻找窗洞的位置，以及将建筑体块进行更细致的拆分。

动物铜像部分：围绕上一步定位的关节和骨骼走向，刻画出肌肉的形态。

注意：（1）肌肉包裹着骨骼来画。（2）可以把肌肉理解为圆柱体或椎体等几何形态，要有抽象的观念和想象力。

第三步:初步墨线(图8.4)

图8.4　初步墨线(雕塑)

依据铅笔草稿墨线,进行适当的位置修正和调整。初步墨线仅画出物体的基本外轮廓形态即可,下笔要注意轻重变化,尤其是在画生物时可以借助线条的粗细变化去强调外形特征。

第四步:补充墨线细节(图 8.5)

图 8.5　补充墨线细节(雕塑)

继续补充窗洞、地砖、动物的肌肉线条等细节。肌肉仅刻画明显的凸起、转折处的线条即可,其他次要部位可以忽略。

第五步:清理画纸(图 8.6)

图 8.6 清理画纸(雕塑)

擦除铅笔稿并检查画面问题,重点关注构图、透视、形态有无明显错误。

第六步:刻画细节(图 8.7)

图 8.7　刻画细节(雕塑)

进一步补充建筑立面材质、钟表装饰物、角落的植物等细节。

注意:本幅画的重点不是建筑物,它们仅作为背景来衬托雕塑,因此不需要刻画得太细致,能展示出基本的造型特点就行,以免抢夺主体物的视觉焦点。

第七步:初步光影(图 8.8)

图8.8 初步光影(雕塑)

由于本幅照片是夜景,和白天的景观不同,没有明确来自某一个方向的光源,因此要依据建筑物下方的人工照明来确定明暗关系,即所有接近灯光的地方都可以表现为亮面,而远离灯光的地方为相对的暗面。动物铜像先寻找明暗交接线的位置,可以看出灯光从雕塑的左下方打过来,因此动物的腹部附近有一条较明显的明暗交界线。

注意:(1)用排线的方法表示明暗交接位置、明显的暗面即可,可以初步看出体积感。(2)铜像材质润滑,表面光线细腻,因此可以选择较细的针管笔刻画细密的排线。

第八步:地面光影(图 8.9)

图 8.9　地面光影(雕塑)

　　通过刻画地面的投影来加强空间感。地面可以选择较粗的针管笔,用更粗犷的线条表示,和铜像的细密排线形成对比。

第九步:夜空的初步排线(图8.10)

图8.10 夜空的初步排线(雕塑)

作为快速表现的建筑钢笔画,我们可以在上一步结束绘画,此时已是一幅较完整的作品。如果想继续表现出夜晚的效果,则可以进一步加强夜空的塑造。

注意:(1)夜空同样用素描排线的方法表示,不必完全排满线条,只要能表现出夜空的氛围感即可,适当留白可以增加画面的艺术效果。(2)灵活运用不同方向的排线,一方面可以起到重叠加深墨色的作用,另一方面可以利用交错的线条形成的造型让人联想到星云流动的形态。

第十步：夜空与建筑交接加深（图 8.11）

图 8.11　夜空与建筑交接加深（雕塑）

　　为了衬托建筑物的边界，区分天空与建筑的空间层次关系，需要在夜空与建筑交接的边缘处进一步加深暗部效果。可以使用更细密的排线，也可以使用黑色、深灰色的马克笔上色，让背景看起来更完整，突出天际线的造型。

第十一步:补充雕塑阴影(图 8.12)

图 8.12　补充雕塑阴影(雕塑)

进一步补充雕塑暗部的阴影。

注意:(1) 排线要"整",即形成完整的块面,不可左一处、右一处,太细碎。(2) 不必像画传统素描一样写实精细,建筑钢笔画强调刻画重点部位,要学会适当运用概括和抽象的手法。(3) 如果是画真实的动物,排线应该顺着毛发生长的方向画,而画雕塑动物则主要是强调体块感、明暗关系。

第十二步:补充细节(图 8.13)

图 8.13　补充细节(雕塑)

最后适当补充一些灵活的线条丰富画面,加强动态感。

(二) 纪念碑

本幅画的重点与难点(图 8.14):(1)纪念碑的主体因拍摄角度的问题略微倾斜,构图时需要主动调整。(2)如何体现出前景建筑与背景建筑的主次关系、空间层次感。(3)无明显光源和阴影的情况下怎么处理画面。(4)大面积的玻璃怎么表示。

图 8.14 纪念碑

第一步:起草大形体(图 8.15)

用几何形态概括出建筑的大致造型轮廓,类似于素描石膏绘画中的多面体。

该步骤重点:通过调整纪念碑主体的垂直方向,改变拍摄角度造成的构图倾斜问题(图 8.16)。

即:(1)照片中纪念碑的中轴线相对于水平线是倾斜的,画草图时需要把中轴线改为垂直于水平线。(2)照片中的地平线也是略微倾斜的,画草图时尽量让地平线和画面的水平线平行。

图 8.15 起草大形体（纪念碑）

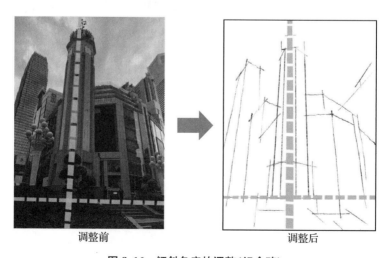

调整前　　　　　　　　　　　调整后

图 8.16 倾斜角度的调整（纪念碑）

注意:此处的细化是指画出这些部件的基本大小造型、位置关系等,目的是做到定位准确,而不要求刻画精细。铅笔草图阶段如果过于细致,反而会在墨线时影响下笔手感或是弄脏画纸。

第二步:细化形态(图 8.17)

图 8.17 细化形态(纪念碑)

进一步细化重要的部件、结构等草图,包括不同层高的窗户位置、植物、路灯造型。

第三步：墨线（图 8.18）

图 8.18　墨线（纪念碑）

若是对墨线不太有信心或笔法还不太熟悉的初学者，仍可以在草图的步骤中多补充一些细节，但要注意适可而止。若是绘画已较熟练，则可以在这一步开始墨线，后续的细节不依靠草图直接画出。

第四步:清理画纸(图 8.19)

图 8.19 清理画纸(纪念碑)

　　擦除铅笔稿,检查造型准确度和构图完整性。线条不需要画得太规整,交接线适当出头、长线适当抖动能够提升画面的活力。本书仅做面向初学者的基础画法示范,如果是笔法熟练者或是追求独特画风的人,则可以用笔显得更洒脱随意一些,不必拘泥于书中的基本画法。

第五步:刻画细节(图 8.20)

图 8.20 刻画细节(纪念碑)

补充门窗洞、柱体与线条装饰、栏杆等细节。

注意:该建筑是三点透视的仰视角度,也就是说,照片视角是由下往上观看的,因此建筑的竖向高度线存在一个向上消失的透视变化。对于同样的部件(例如窗洞),也要注意越是靠近下层越大,越往上越小,即注意近大远小的空间变化。

第六步:补充细节(图 8.21)

图 8.21　补充细节(纪念碑)

　　进一步刻画装饰类的细节,例如纪念碑文字、雕花、时钟、砖墙、玻璃等。靠近镜头的主体建筑应该刻画得更细致,而背景建筑可以省略部分细节装饰,用概括的手法一笔带过,从而表现出主次关系,区分重要程度。

　　注意:不需要在玻璃表面画出具体的反射物造型,这样会破坏画面逻辑和美感。通常使用线条表示玻璃表面的反光,若用直线表示则可以显得反光清晰强烈,若用曲线表示则可以让画面更活泼。

第七步：光影表现（图 8.22）

图 8.22　光影表现（纪念碑）

对于这种光源不明显、明暗关系不强的画，不必画出大面积的阴影，否则会遮挡结构且装饰线条显得杂乱，这时采用白描画法会比较合适。在局部添加少量阴影用来丰富画面，加强部分空间层次即可。通常阴影集中在门窗洞、屋檐或明显的转折面下方、植物背光处等。

（三）山坡景观

本幅画的重点与难点（图 8.23）：（1）建筑本身的几何形体特征强，造型比较简洁，需要通过配景去丰富画面。（2）植物种类比较多，要注意区分不同植物的画法。

第一步：起草大形体（图 8.24）

这张图的草图比较简单，用简单的线条就能概括建筑的整个形态，而植物用折线表现树冠轮廓即可,要留意区分高、矮植物的不同层次。

图 8.23 山坡景观

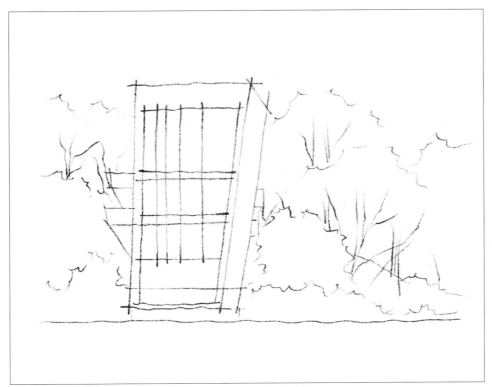

图 8.24 起草大形体(山坡景观)

第二步：墨线（图 8.25）

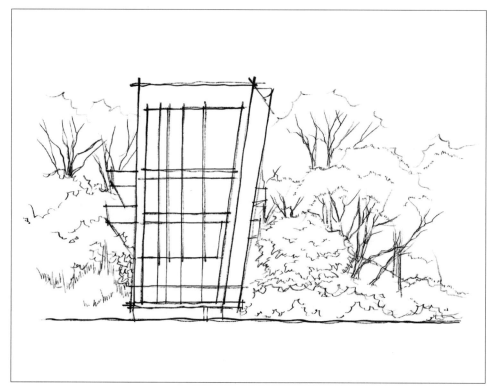

图 8.25　墨线（山坡景观）

由于铅笔稿的植物只用粗糙的线条概括了其轮廓走向，墨线时要根据轮廓把细碎的叶片、树干、树枝的基本形态补充出来，避免和草稿画得完全一样。

第三步：清理画纸（图 8.26）

除去铅笔稿后可以看清植物的大致造型：草丛用尖锐一点儿的线条表现，小乔木用短曲线体现树叶的质感，而远景的树丛则利用更密集的树枝限定树冠的边际线造型，同时省略了最远处的山石树木，目的是不让构图过于饱满和拥挤。

第四步：刻画植物细节（图 8.27）

为了看清每一步的变化，这里把植物细节和建筑细节拆开作画。给靠前的树丛添加叶片，一方面是丰富细节，一方面是塑造体积感。要注意光源主要来自上方，因此树冠上方应该留白而在下方的背光处刻画树叶。给远景的树继续添加树枝，此处不再画叶片，目的是区分近景和远景树木的造型特征，且远景树梢的叶片本身相对较少，可以大胆省略。

第五步：刻画建筑细节（图 8.28）

建筑的细节则要简单很多，要将栏杆、窗框线条补充完整。此处要注意观察每个长方形本身的长宽比例、不同长方形之间的大小比例关系。

图 8.26 清理画纸（山坡景观）

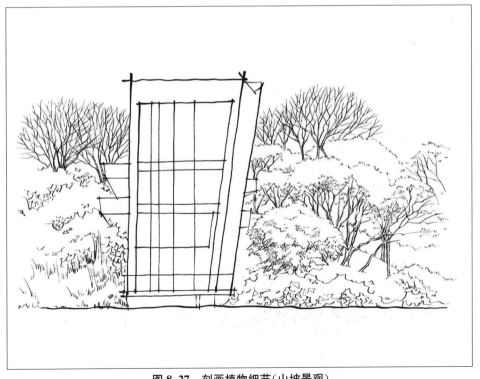

图 8.27 刻画植物细节（山坡景观）

图 8.28　刻画建筑细节(山坡景观)

第六步:光影表现(图 8.29)

图 8.29　光影表现(山坡景观)

建筑下方和窗洞内部的阴影更深,因此用粗线条来画,而植物之间的投影则较浅,用细线条塑造。为了让构图更稳定扎实,水面的波纹和倒影也选用了粗线条来表现,使画面重心移至画纸下方。

第七步:肌理表现(图 8.30)

图 8.30　肌理表现(山坡景观)

最后为空白的建筑表面添加肌理,使其与配景植物更加融合不会显得过于突兀。对植物的局部边线形态也进行了加深,在强化空间感的同时也与建筑体块上的深色线条相互呼应,使画作达到整体的和谐。

二、桥梁

(一)观光步桥

本幅画的重点与难点(图 8.31):(1)该桥术语为"双塔双索面钢箱梁斜拉桥",索塔为倾斜椭圆形结构,此类异形形态应该怎么找定位线。(2)为了画面美观,哪些配景可以省略,哪些需要在画面中保留。(3)快速表现画法的回顾。

图 8.31　观光步桥

第一步:起草大形体(图 8.32)

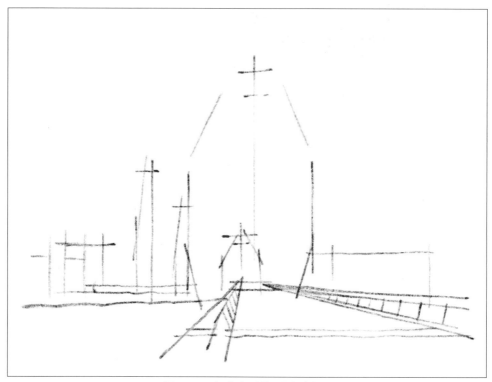

图 8.32　起草大形体(观光步桥)

当绘画对象不是常见的透视或规则的几何形体时,会较难确定造型及位置关系,这时候可以分析画面,通过添加辅助线的方式帮助我们把握各物体的大小、高度、前后关系(图 8.33)。对于这类异形构筑物,可以在起草时先确定它的底部、顶端、两侧边界位置,后续再将其造型补充完整。

图 8.33　辅助线分析(观光步桥)

第二步:墨线(图 8.34)

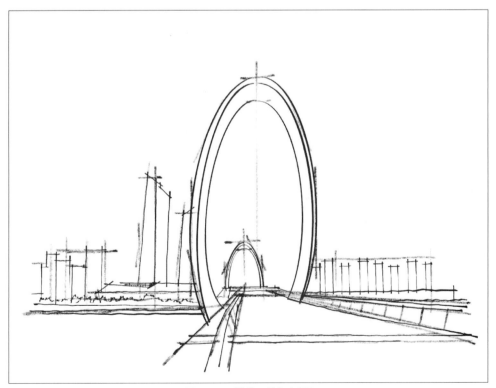

图 8.34　墨线(观光步桥)

在铅笔稿定位线的辅助下墨线，能更容易把握准确物体造型。

注意：墨线不要完全照着铅笔稿描图，而是应在草图逻辑的基础上对物体造型进行修正和添加。例如草图中索塔的形态概括成了多边形，墨线的时候要修正成顺滑的椭圆形。

第三步：清理画纸（图 8.35）

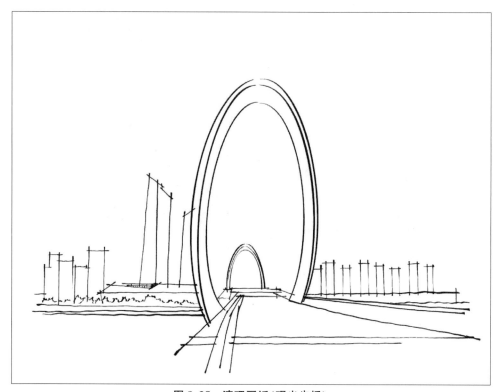

图 8.35　清理画纸（观光步桥）

擦除铅笔稿后可以看出索塔的椭圆形态顶端做了虚化处理，由上往下呈现出由虚到实的变化。

注意：椭圆形态无须一笔画出，否则难度较大，徒手难以控制笔的走向，可以分成左、右半边分别画出两侧弧线，最后拼接成一个完整的形态。

第四步：刻画细节（图 8.36）

由于本张照片也是夜景加上模糊远景的组合，较难拍摄出细节，因此适合使用快速表现的绘画手法，线条可以尽量概括，重点是找准视觉中心、把握物体形态以及强调明暗关系。建筑的窗户、月亮、镜头前拍摄不完整的树木和人物均可以省略，以保证画面美观、不琐碎。

第五步：明暗关系（图 8.37）

最后为水面、桥面和局部构筑物加上阴影。水面的阴影选用更粗的笔去加深，表现空间后退、深邃的效果。

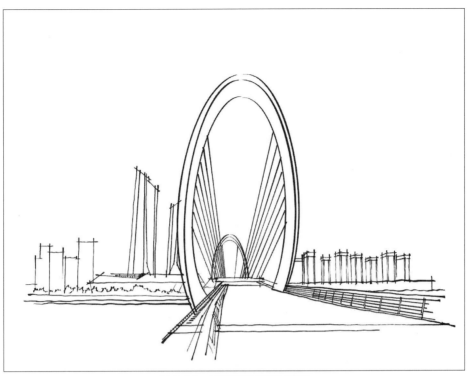

图 8.36 刻画细节（观光步桥）

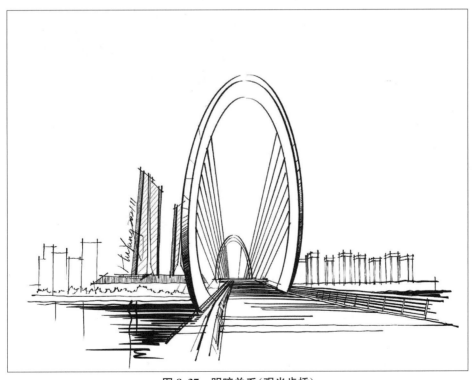

图 8.37 明暗关系（观光步桥）

本幅画中的水面阴影画在距离桥面较近的位置,一方面是强调边界突出桥面造型,一方面是对应附近高大建筑物的倒影形状,同时增加左下角的重量感让画面构图更均衡。

(二)钢桁架桥

本幅画的重点与难点(图 8.38):(1)照片拍摄的构图较弱,主要问题在于空白太多、主体物偏移且不突出,绘画时如何让画面看起来饱满、突出视觉重点。(2)桥体结构复杂,上下层分别是公路和铁路,钢架造型具有鲜明的穿插美感,同时在绘画过程中也容易造成混乱。

图 8.38 钢桁架桥

第一步:起草大形体(图 8.39)

首先调整画面构图,让地平线与纸张的水平线平行,摆正我们的观察视线,同时减少地面占比,突出桥梁在画面中的主体地位。起草时找到上下层桥面、桥头堡、桥墩和周围明显的装置物位置(如路灯、岗亭、围栏等)。它们的特点都是大形体或是在画面中起重要分割作用,先不要画桥的具体钢架结构。

第二步:细化形态(图 8.40)

接着再补充内部钢架结构。草稿阶段用单线表示可以避免混乱,同时要跟进配景和细部装饰。整个画面同时进行,方便检查构图。

注意:观察构图后发现构筑物集中在画面左侧,显得左重右轻,可以在右侧的天空补充云朵来平衡画面。

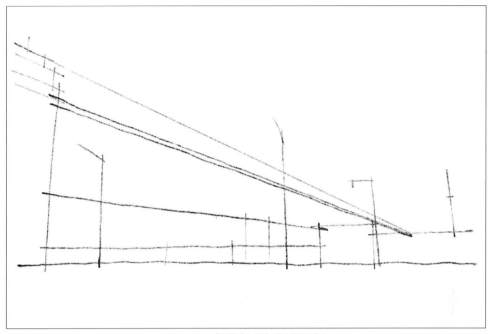

图 8.39 起草大形体（钢桁架桥）

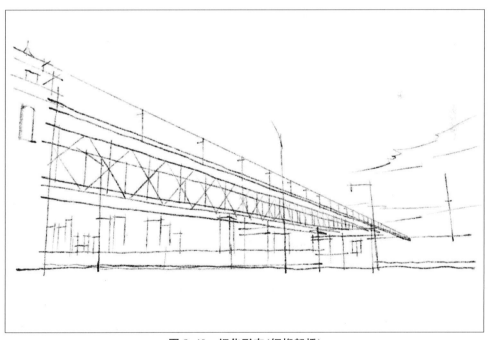

图 8.40 细化形态（钢桁架桥）

第三步：墨线（图 8.41）

根据草图进行初步墨线，此时的钢架结构用双线表示出宽度。和以往的例图一样，尽量徒手画长直线以增加画面灵活度。若初学者难以控制徒手墨线的线条走势，可以使用尺规工具作图。

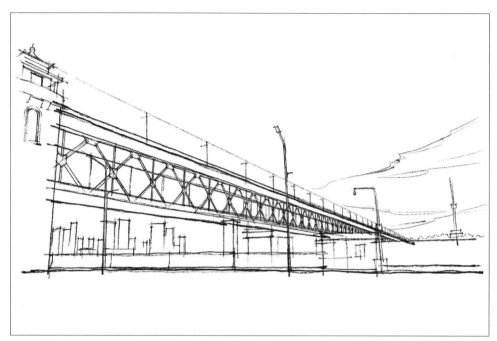

图 8.41 墨线（钢桁架桥）

第四步：清理画纸（图 8.42）

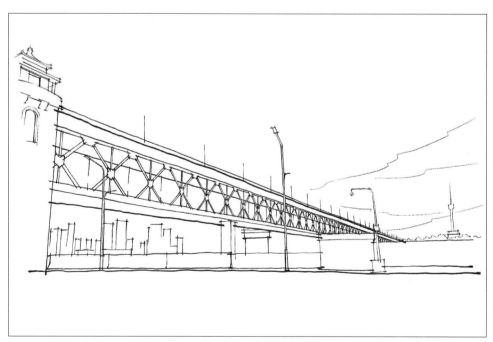

图 8.42 清理画纸（钢桁架桥）

待初步墨线的墨水干燥后轻轻擦除铅笔稿，观察构图与造型是否还有需要修改的地方。

注意:由于桥体结构较复杂,可以先画距离我们较近的这一侧钢架结构部位,在保证一侧的形态正确之后再去画另一侧。不要远近两侧的结构同时画,否则非常容易出错,分不清每根线条表示的部位。

第五步:刻画细节(图8.43)

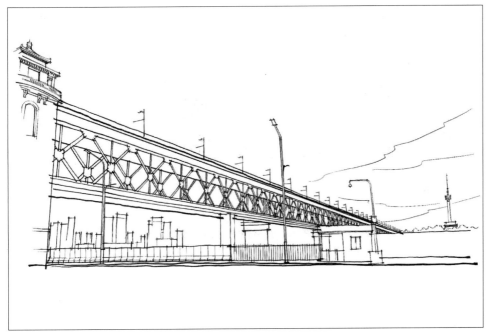

图8.43 刻画细节(钢桁架桥)

此时再画出距离我们较远的钢架结构部位,同时跟进桥头堡、栏杆、路灯等细节刻画工作,墨线时也要保证画面的每个部位都均衡进展。

注意:如果直接墨线画较远一侧的钢架结构比较困难的话,可以补充铅笔草稿,墨线后再擦除。铅笔稿并不是在最初的起草阶段只能使用一次。

第六步:补充细节(图8.44)

酌情补充细部的结构、立面装饰和材质,主要目的是丰富画面层次。

注意:应该重点刻画主要的桥身,强调视觉中心,周围的配景可以简化处理。

第七步:光影表现(图8.45)

最后增加阴影排线,主要阴影集中在桥身下方的背光面,为了不遮挡钢架造型而省略了钢架上的阴影。

另外用较粗的线条表示地面,一方面可以提示地面范围,一方面也可以让画面重心向下、向右偏移,使构图更加稳定均衡。

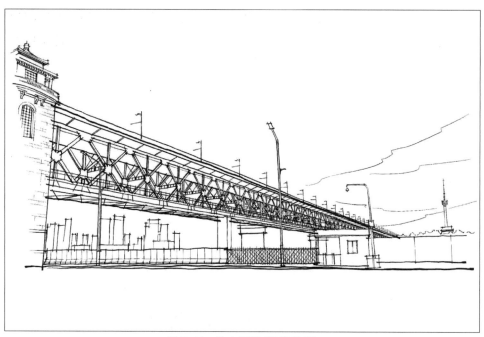

图 8.44 补充细节（钢桁架桥）

图 8.45 光影表现（钢桁架桥）

第九章

绘画中常见的问题分析

一、构图问题

（一）主体物孤立

总体点评：一张钢笔画中如果只表现主体物而缺少配景，会显得物体十分孤立，无法体现周围的环境状况，不能算是一幅完整的画作（图 9.1）。

照片原图　　　　　　　　　　　　　学生练习画作

图 9.1　主体物孤立问题

本幅练习画的主要问题分析：

（1）构图不当。这是本幅练习画最明显的问题。如果单独看这张画作很难判断出这是怎样的一个场景，应该适当地画一些背景植物和地面铺装，以展示街头公园的氛围，也能让作品的空间层次更丰富。

（2）比例不准确。观察照片可以看出树冠的宽度比花坛宽度要大，但是练习画中的花坛画得过宽，这么一来又显得花坛前的石头桌凳明显偏小。缩小花坛可以让各物体之间的比例更和谐。

（3）透视有误。一个是花坛的扁平长方体透视没有画出（包括灌木丛被修剪出的几何体透视也没有表现出来）；另一个是石头桌凳的圆形表面透视错误，此外石凳的造型不准确，高宽比不对也是一个问题。

（4）光影逻辑混乱。照片上看不清楚光源的方向，那么我们可以根据投影的位置大致拟定一个光源。观察花坛的阴影基本可以判断光线来自右上方,整幅画的光影逻辑就要统一。然而练习画中的光影位置错乱,例如:石桌的暗面在左侧,但石凳的暗面在右侧;树干的暗面在左侧,但树梢和树枝的暗面在右侧。因此,出现了空间上的逻辑错误。

由于本幅练习画的问题较多,重画会更合适,下面做一个常规画法步骤示范。

第一步:起草大形体(图9.2)

图9.2 起草大形体(主体物孤立问题)

本幅画的重点是植物,所以用随意一点儿的单线勾勒出树的大致形状即可,包括花池里的主体树及小灌木、背景的松树和低矮树丛。另外,石头桌凳的位置用中轴线定位,暂时不需要画出形体。

第二步：墨线（图 9.3）

图 9.3　墨线（主体物孤立问题）

　　勾出植物的大致形态，初步墨线时叶片可以碎一些，在后续步骤中还要不断补充和调整造型。

第三步：清理画纸（图 9.4）

图 9.4 清理画纸（主体物孤立问题）

　　擦除铅笔稿，查看构图完整度、树木基本造型、花池和石头桌凳的透视有没有明显错误，调整并修正。

第四步：刻画主体(图 9.5)

图 9.5　刻画主体(主体物孤立问题)

　　先从主体物开始刻画，补充树冠的叶片和树干、树枝的纹理。要注意之前确定的光源方向，背光面的线条画密集一些，受光面则可以留白，这样就自然形成了明暗体积感。

第五步:刻画背景(图 9.6)

图 9.6　刻画背景(主体物孤立问题)

　　背景也可以大致看成两个部分:一部分是低矮的灌木和树丛,一部分是细长高挑的松树。

　　一步一步进行作画。这里先刻画树池里的灌木和背景的小树丛。近处的树用曲线塑造叶片造型,远处的树直接用排线大致表现出层次走向。下笔力度也是近处重远处轻,通过虚实变化区分不同的植物和空间位置。

第六步:补充背景(图 9.7)

图 9.7　补充背景(主体物孤立问题)

接下来再刻画背景的松树,线条排布的位置同样要考虑光源方向。另外,排线走势可以顺应针叶的走势,既塑造了光影关系又表现出了松树的特征。

第七步:光影表现(图 9.8)

图 9.8　光影表现(主体物孤立问题)

为花坛、石头桌凳等添加一些阴影,加强近处物体的视觉效果,强化体积感。

第八步：细节补充完善（图 9.9）

图 9.9　细节补充完善（主体物孤立问题）

最后刻画地面铺装，注意近大远小的透视变化，并在靠近石头桌凳处添加一些肌理，一方面可以体现地面的斑驳感，另一方面也可以通过肌理塑造阴影。

第九步:添加灰面(图 9.10)

图 9.10 添加灰面(主体物孤立问题)

到上一步为止已经可以完成画作了,如果觉得线条多有些琐碎,就再利用马克笔在阴影处补充一些完整的块面,加强线和面之间的联系。

再看一下重画前后的效果对比,重画后光影关系清楚,物体更加立体,构图也更饱满,空间层次丰富,前后景物区分明显,画面比较完善(图 9.11)。

学生练习画作　　　　　　　　　　　　重画示范

图 9.11　重画前后对比（主体物孤立问题）

（二）构图空旷

总体点评：本幅练习画的内容表达比较完整，准确捕捉到了画面中该有的各个细节，但第一眼看上去的问题是构图不合理，头重脚轻，画面上有多余的物体，需要做好取舍（图 9.12）。

本幅练习画的主要问题分析：

（1）构图不稳。由于照片中水面的占比较大，学生在练习画中也将建筑位置上移露出大量水面，意在表现水景，但是没有处理好。主要问题在于水面和天空的画法没有区分开，虽然留意了水面的投影造型但是没展示清楚，水面留白多、面积大显得构图不稳定，水面有多余的物体破坏了画面整体性。应当加深水面的投影色调让整幅画的重心下移，并省略多余的物体，水纹的排线也要注意方向和美感。

（2）画面分配不当。主体建筑在画面中占比过小，可以适当放大几个几何体建筑房屋在画面中的占比，左侧的空白墙面不需要展示过多。

（3）造型细节问题。建筑造型基本表现准确，抓住了造型特征，但局部透视有误，还需要认真观察思考。

由于本幅练习画的问题较多，重画会更合适，下面做一个常规画法步骤示范。

图片原图(来源:百度百科苏州博物馆新馆)

学生练习画作(陆则恩)

图 9.12　构图空旷问题

第一步:起草大形体(图 9.13)

苏州博物馆新馆建筑的体块造型还是相对比较复杂的,可以分成两步来画草稿。首先画出大体块的左右边缘线、主要转折线和上下高度定位线,以此初步确定整个建筑群体的大小比例关系。此处省略了照片左侧的大面积空白墙面,放大了建筑主体在整个画面中的占比,使视觉效果更加饱满。

图 9.13　起草大形体（构图空旷问题）

第二步：细化形态（图 9.14）

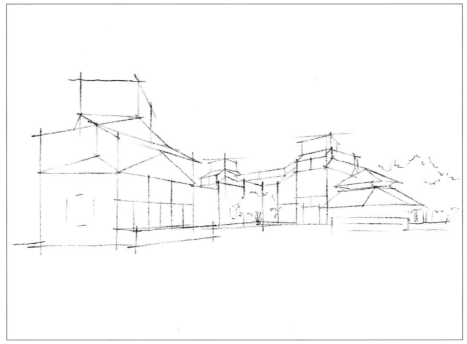

图 9.14　细化形态（构图空旷问题）

　　画出内部体块穿插结构、门窗等小构件的草图，单线条表现即可。由于穿插较多、造型较复杂，若无法一次性找准形态，可以多分几个步骤来画，并利用尺规工具找辅助线。

第三步:墨线(图 9.15)

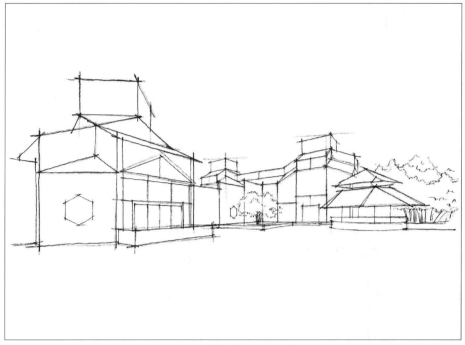

图 9.15　墨线(构图空旷问题)

由于前一步的草图已经画得比较细致了,墨线时基本可以直接按照草图来画。

第四步:清理画纸(图 9.16)

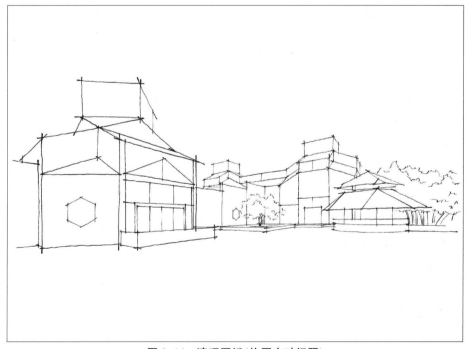

图 9.16　清理画纸(构图空旷问题)

擦除铅笔稿后可以看出整个构图更加协调，由于建筑的占比被放大了，建筑上的细节也展示得更清楚。另外，建筑群的横向中轴线位于画面中心略微偏下方，这样的调整也能让构图更稳定扎实。

第五步：刻画细节(图 9.17)

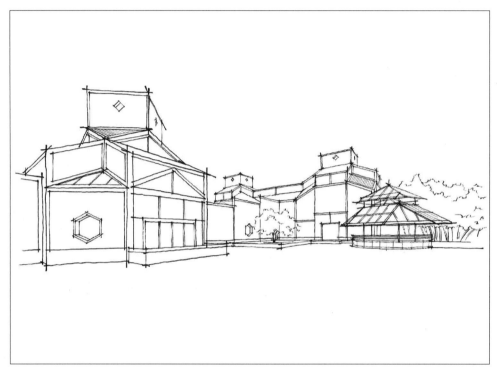

图 9.17　刻画细节(构图空旷问题)

刻画线条细节，这一步并不复杂，但是需要有一定的耐心。窗洞要注意透视，画出空间体积感。

第六步：水面倒影(图 9.18)

水面的倒影用粗一点儿的针管笔把色调压深，和实体的建筑部分形成空间层次上的对比。

注意：倒影的形状不用画得太写实和中规中矩，可以用一些折线随意勾出大致形态，同时又体现出水面的波动感。

第七步：光影表现(图 9.19)

虽然从照片上看该建筑的背光面比较多，但是在实际画阴影时不能画满，否则整幅图会过于灰，失去层次，在明显的明暗转折处表达少量的阴影即可。

图 9.18　水面倒影（构图空旷问题）

图 9.19　光影表现（构图空旷问题）

第八步:补充云(图 9.20)

图 9.20 补充云(构图空旷问题)

补充天空中的云,让构图的上下关系更稳定。由于左侧建筑在画面中更高大,因此右侧天空中的云要画得更多,向右上方延伸,用来拉均匀画面构图。

注意:与实体的建筑相比,云和水面虽然都是相对"虚"的东西,但两者的画法也有区别。水面由于可以反射出倒影,且与建筑的交界处存在阴影,因此用线更重、密、实;而云受光更多也更轻飘,从空间位置上说更远,因此用线更轻、疏、虚。

第九步:区分材质(图 9.21)

图 9.21 区分材质(构图空旷问题)

用马克笔把颜色较深的材质位置表达出来,和白色墙面做一个区分。加重色彩也能让建筑体量更实在。

将两张图放在一起比较,重画的图在建筑、水面、天空这三个空间层次上区分得更清楚,画面视觉中心也更明显,另外删除了画面下方的物件,提高了画面的完整性(图9.22)。

学生练习画作

重画示范

图9.22　重画前后对比(构图空旷问题)

（三）纵横构图选择

总体点评：该照片的精彩之处在于构筑物和周围的植物配景，学生练习作抓住了这一点并省略了图中的人物、背景建筑，取舍得当。本幅练习画的构筑物造型基本准确；细节塑造到位，植物配景也很精彩，抓住了不同植物的造型特征。本画作是一幅完成度较高的作品，但图纸的纵横关系选择不当，造成画面挤在图的中间而图面下方过于空旷（图9.23）。

照片原图　　　　　　　　　　　学生练习画作

图9.23　纵横构图选择问题

本幅练习画的主要问题分析：

（1）构图问题。观察照片可以看出主体构筑物和植物都集中在照片正中心呈横向构图，因此画纸选择横向布局会更合适。横向构图旗杆画不下的情况下也可以将其省略，重点表达拱门。

（2）比例不准。构筑物的高宽比略微不准确，可能是因为横向图幅不够而压缩了构筑物，造成构筑物的宽度不足。

（3）地面透视。主要问题表现在铺装近大远小的透视关系没表达清楚。

本幅练习画的问题相对较少，可以通过修改来完善画面，下面做一个修正的说明。

此处主要对构图和地面进行了细微调整：（1）首先把纵向构图改为横向构图，减少左右两侧的拥挤感，同时减少天空与地面的空缺。（2）左右两侧多出的空白处填补上植物，拉伸横向构图。（3）删除原本地面的不规则排线，采用横向线条画出地面透视与斑驳的肌理,进一步强调横向构图。(4)在局部点缀草地,丰富画面。

经过微调修改后的构图显得更协调匀称,尽管增加了植物配景却并没有破坏构筑物的主体地位(图9.24)。

图9.24 修改后画作(纵横构图选择问题)

二、透视问题

(一)构件透视与建筑透视不符

总体点评:造型及透视准确是判断一幅建筑钢笔画好坏的标准之一。本幅练习画构图饱满,内容完整,建筑造型基本准确,大体的图面效果良好。但是仔细观察细节可以发现,立面窗户的透视和墙体透视不统一,存在逻辑上的混乱(图9.25)。

本幅练习画的主要问题分析:

(1)局部透视。主要问题在图面建筑左侧立面的窗洞,一部分窗洞向左侧灭点消失的透视关系不统一,还有一部分窗洞向上方灭点消失的透视关系不统一。另外,右侧圆柱体的透视也需要修正。

(2)暗面的表现。整体的明暗关系比较明确,暗部透气不死板,但是局部长线条表现的地方有些排布混乱,且局部阴影造型的勾边明显,还需要练习。

图片原图(来源:https://zhuanlan.zhihu.com/p/158592885)

学生练习画作

图 9.25　构件透视与建筑透视不符问题

　　(3)草地的表现。有些拘谨且不够自然,用线可以洒脱一些,注意草丛的聚散离合,不要均匀平铺在地面上。另外,树木的形态也应该加强塑造。

　　本幅练习画的问题相对较少,可以通过修改来完善画面,下面做一个修正的说明。

　　此处主要调整了细节的透视以及植物景观:(1)统一左侧立面的窗洞透视,即统一了每扇窗户线条的消失点位置。(2)重塑该墙体阴影排线,避免杂线、断线。(3)加深左侧屋顶的投影,区分空间层次。(4)调整右侧柱体的顶端圆弧透视。(5)修改树木造型,统一暗部关系。(6)修改草地,删除了均匀分布的短条状草丛,改为中心聚合四周分散的曲线造型,表现出天然草地的凹凸感。

经过细微修改后的图面视觉焦点更集中,线条也更流畅。尽管建筑屋顶等构件的造型还有些不准确,但放在画面中也比较舒适,因此这里进行了保留(图9.26)。

图9.26 修改后画作(构件透视与建筑透视不符问题)

(二)配景透视与主体透视不符

总体点评:地面透视与建筑物透视不统一也是建筑钢笔画中常见的一类问题。本幅练习画构图比较饱满,细节内容丰富,单独看建筑的话造型和透视也比较舒服,但是地面人行道的砖石明显出了问题,尤其是向画面右侧的灭点消失的线条出错,造成地面和建筑不在一个空间中(图9.27)。

本幅练习画的主要问题分析:

(1)地面透视。一方面是透视角度过大,在画铅笔草图初期就要利用好辅助线寻找定位;另一方面是地砖的尺寸过大,应该适当缩小。

(2)画面过满。尽管画面显得内容很丰富,但是每根线条都画到纸张顶端会让画面略显拥挤,适当留白可以营造出更美观的艺术效果。

(3)云朵僵硬。像云这类缥缈的物体不要画得太有体积感、重量感,否则会看起来僵硬,无法体现云本身的特点。应该用较细的线条画出云的大致形状走向,以表达意境为主。

照片原图　　　　　　　　　　　学生练习画作（吴莹）

图 9.27　配景透视与主体透视不符问题

（4）草地的表现。这幅练习画的草地同样有些拘谨,应该避免一簇一簇的草均匀分布在画面上,应做到靠近视觉中心的地方更加聚合,而远离视觉中心的地方更加分散。

（5）阴影死板。建筑物本身的阴影表现较好,做到了强调局部突出对比的效果。但电线杆在地面上的投影以及人行道的投影太黑、太死板,这两处不是重点,所以应该虚化处理。

本幅练习画的问题相对较少,可以通过修改来完善画面,下面做一个修正的说明。

主要修改的部分包括:（1）修改地砖透视,缩小透视角度,统一地面与建筑线条的消失点。（2）把原本边缘刻画得太死板的云朵改为流动性更强的造型,使用更细更轻的线条体现云缥缈的特征。（3）删除草地上均匀分布的零星草丛,用长线条表示出草坪范围,使块面更"整"。（4）虚化电线杆在地上的投影,同时虚化道路边沿的阴影,保持画面透气。

经过这些调整后,画面的灵活程度得到了提升,可以看出建筑物是本幅画的视觉焦点,而地面和天空是虚化的配景（图 9.28）。

另外,上一张图面的构图还存在一定问题,即纵向构图导致不必要的留白空间太多,压缩了主体物的存在感,因此也可以尝试将构图改为横向布局,突出想要表达的重点（图 9.29）。

图 9.28　修改后画作（配景透视与主体透视不符问题）

三、造型问题

（一）植物造型

总体点评：树木是建筑钢笔画中最常见的配景之一，一张优秀的钢笔画不仅要画好建筑本身，也要处理好植物的表现，而本幅练习画比较明显的一个问题就在于植物表现不佳（图 9.30）。

227

图 9.29　构图调整后画作（配景透视与主体透视不符问题）

照片原图

学生练习画作

图 9.30　植物造型问题

本幅练习画的主要问题分析：

（1）植物造型。首先,树冠的造型不够美观,过于狭长,应该表现得再敦实一些。其次,树冠内部叶片的塑造也应该注意疏密关系,在阴影处的叶片更密集,受光面的叶片更稀疏,以此体现光影和体积感。

（2）植物的前后关系。前方的树和后方的树没有在画法上区分开,因此空间层次感很弱。可以采用虚实对比的手法表现不同位置的树木,例如前方的刻画更实、更细致,后方的处理更虚、更简化。

（3）草地的表现。前述已经提过画草地时容易出现的问题了,故此处不再赘述。这也可以看出不会画草地确实是初学者常出现的一个问题。

（4）建筑透视不准确。该建筑是以仰视的视角观察,透视角度应该更大一些,特别是画面左侧建筑立面,利用辅助线画出灭点后会发现灭点的位置定得太远了。

（5）材质表现。尽管练习画作有意识地表现了建筑砖墙材质,但线条较死板,且纵向的透视线条出现错误,与墙体总的透视关系不符。

由于本幅练习画的问题较多,重画会更合适,下面做一个常规画法步骤示范。

第一步:起草大形体(图 9.31)

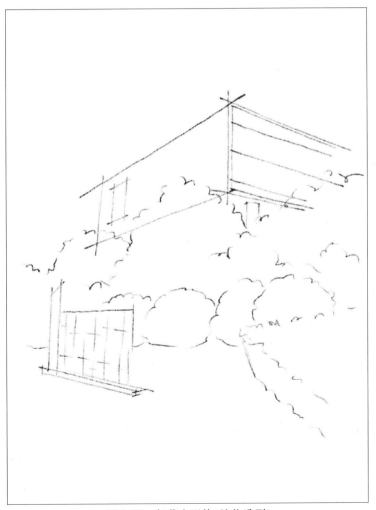

图 9.31　起草大形体(植物造型)

　　分析照片构图可以看出主要有三类物体：第一类是背景的建筑，第二类是占据画面主要位置或者说是视觉中心的植物，第三类是前排的雕塑。起草大形体时，要把它们都画出来。另外，还要留意树也分了不同类型，前后位置也不同，要区分开。

　　第二步：墨线（图 9.32）

图 9.32　墨线（植物造型）

　　墨线不要完全按照铅笔稿描图，应该做到：（1）修正铅笔稿中不太准确的地方。（2）顺手补充铅笔稿中没有的部位，但要借助铅笔稿的定位辅助线去画。此处将草坪也铺上了随意的线条，强调地面位置的同时也让画面重心更稳定。

第三步:清理画纸(图 9.33)

图 9.33　清理画纸(植物造型)

小心擦除铅笔稿,不要蹭破画纸,观察画面是否存在明显错误。

注意:草地上的雕塑是侧面对着我们的,因此雕塑上的圆形存在透视变化,这一点在前几章中已经介绍过,不要画成正圆形。

第四步：刻画细节（图 9.34）

图 9.34　刻画细节（植物造型）

　　进一步刻画细节，包括建筑的柱子、窗框双线、墙体的雕刻纹样和装饰线条、雕塑上圆环的空间体积、树冠上零散的叶片。该照片中的物体造型都比较简单，那么就要通过细节塑造来丰富画面的可观赏性。

第五步:补充细节(图 9.35)

图 9.35　补充细节(植物造型)

进一步补充树冠上的细碎叶片、建筑立面材质、局部背光面投影。

这张照片的光线比较均衡,基本可以把光源定为上方偏左,那么阴影主要集中在物体下方,右侧也可捎带一些。因此,刻画树冠叶片时也要集中在右下方,更容易形成体积感。

第六步：添加灰面（图 9.36）

图 9.36　添加灰面（植物造型）

上一步的画面效果已经比较完善了，可以结束绘画。当然，还可以继续用浅灰色马克笔加深暗部，形成完整的色块来强化画面的空间层次，让暗面看起来更整体。

看一下重画前后的对比效果，重画后不仅构图更美观、视觉中心更集中，前后植物的空间位置、造型特征也有所区别，细节更丰富，图面观感更佳（图 9.37）。

学生练习画作   重画示范

图 9.37　重画前后对比（植物造型）

（二）左右位置关系

总体点评：物体的位置关系定位出错，包括几个物体的前后位置关系、几个物体的左右位置关系、物体在整个构图中的位置出错等，是建筑钢笔画中的一大问题。本幅练习画中就存在其中的一些明显问题（图 9.38）。

本幅练习画的主要问题分析：

（1）塔在画面中的位置。首先，作为主体物的塔在整个画面中的位置太靠左了，观察照片可以看出塔的位置应该在画面中轴线的偏右侧。若主体物定位错误则会影响整个画面的布局，一定要注意。

（2）塔与树的位置关系。再仔细观察塔和前方树木的位置关系，会发现树木左侧边缘的位置应该再向左移动，而不是和塔的左侧边缘处在相同位置。

（3）构图不均衡。这是因为练习画省略了左侧的树造成的。虽然绘画时可以省略不必要的配景，但是省略的目的是使图面美观，应该遵循基本的构图原则。若删去左侧树木会让画面失去均衡感的话，还是应该补上。

（4）塔的造型。整体显得歪曲，即每一层的上下对应关系出现偏差，且屋檐的透视和形态也出现了严重问题。在绘画技巧不熟练的情况下，应该多利用辅助线帮助我们找大的形体，避免直接上手画细节。

照片原图

学生练习画作

图 9.38　左右位置关系问题

（5）植物造型。尤其是树干的表现出现线条杂乱且形态不美观的问题，要注意树干和树枝应该由下往上越来越细，均衡过渡。

（6）光影逻辑错误。从塔身和树冠都可以看出本幅练习画缺少光影的逻辑概念，阴影的方向不统一，无法确定光源位置，造成空间逻辑混乱且缺乏体积感。

（7）水面表现含糊，与周围的景物混淆在一起。

（8）其他小问题。例如桥梁刻画粗糙、人行道的透视略微不准、铺装比例过大等，都需要修正完善。

由于本幅练习画的问题较多，重画会更合适，下面做一个常规画法步骤示范。

第一步：起草大形体（图 9.39）

图 9.39　起草大形体（左右位置关系问题）

利用中轴线去定位塔和树的位置，塔应该位于画面中心。由于其右侧的植物较多、视觉重量较大，需要画出左侧的树木来平衡画面。另外，删除塔前方遮挡塔的高大树木，强化塔的视觉中心地位，以此来调整构图。

第二步：细化形态（图 9.40）

补充塔的内部结构（例如划分楼层、画出屋檐和墙体转折），补充树枝的走向和桥梁、道路等细部草图。

第三步：墨线（图 9.41）

墨线时根据不同植物的特征选择不同的线条画法。例如草丛用细长的线条按照生长方向画，梅花树冠用偏碎的曲线或折线表现花瓣走势，而树枝用长折线画出生长动态。

图 9.40　细化形态（左右位置关系问题）

图 9.41　墨线（左右位置关系问题）

第四步:清理画纸(图 9.42)

图 9.42　清理画纸(左右位置关系问题)

清除铅笔稿之后就可以看清楚不同植物的造型特征了,再次检查构图是否协调、物体的前后左右位置是否有明显错误、不同物体的造型表现是否得当。

第五步:刻画细节(图 9.43)

该步骤添加的细节包括塔内部的门洞和柱子栏杆、桥梁的表面材质及栏杆、局部草丛、树梢的树枝等。

注意:(1) 塔的门洞位置是每一层交错变化的,即垂直方向上并不一致,应该注意观察。(2) 树冠的形状不要画得太死板,线条虚一些,突出意向表达。

第六步:光影表现(图 9.44)

通过观察塔身和树干可以看出光线来自右侧,那么阴影应该统一画在物体的左侧及下方的背光面。这里利用素描排线的方式表示阴影,排线方向顺应物体造型走向,特别是树干上可以利用排线塑造树皮的肌理。另外,水面用横向排线表现波纹感,要注意加深有投影的地方。

第七步:补充细节(图 9.45)

进一步为树丛、草地、水面添加线条细节,加强肌理感并丰富空间层次。

图 9.43　刻画细节（左右位置关系问题）

图 9.44　光影表现（左右位置关系问题）

图 9.45　补充细节（左右位置关系问题）

第八步：添加灰面（图 9.46）

图 9.46　添加灰面（左右位置关系问题）

　　如果只用针管笔作画，那么在第七步时则可结束绘画。当然，如果还想用其他工具丰富画面层次，可以利用浅灰色马克笔强调树丛和水面，形成完整的大体块，让视觉更集中,也有助于区分不同的空间位置。

对比两幅画作,重画的画面不仅在构图上更协调、建筑及植物造型更准确,而且前后关系更清晰、空间逻辑塑造也更明确,整体效果较佳(图 9.47)。

学生练习画作

重画示范

图 9.47 重画前后对比(左右位置关系问题)

（三）前后空间关系

总体点评：前文提到了建筑钢笔画中物体的前后位置关系，这也是比较容易被忽略的一点。例如本幅练习画，左侧沿道路的建筑群和右侧沿道路的建筑群在前后位置关系上出现了表现失误。当然，本幅画的构图和留白基本合理，有一定的明暗对比处理和材质表现，是一幅相对完整的作品（图9.48）。

本幅练习画的主要问题分析：

（1）前后位置问题。具体而言，照片右侧的建筑距离镜头较远也看起来较小，但画得过于高大显得靠近观察视角；而照片左侧的建筑距离镜头更近也应该更高大，却画得较矮显得距离我们较远。因此，出现了空间矛盾。

（2）暗部混淆。虽然画面有明暗对比，但是背光面的色调基本在一个度上没有区别，也就是在该暗的地方没有暗下去，造成整个暗面发灰。

（3）局部形态问题。本幅练习画的形态问题并不大，建筑的造型基本舒适，但是局部细节上还不够准确（如窗户的长宽比）。

由于本幅练习画的问题较多，重画会更合适，下面做一个常规画法步骤示范。

第一步：起草大形体（图9.49）

用铅笔画出建筑的轮廓造型，注意观察建筑的前后关系，特别是道路两侧的建筑哪个空间位置更靠前，哪个更靠后。树枝和电线可以不画，墨线时直接补上即可。

第二步：墨线（图9.50）

墨线按照铅笔稿画出建筑造型。本幅画采用快速表现的技法来画，因此线条可以随意一些，适当抖动和出头，不需要横平竖直以免太拘谨。

第三步：清理画纸（图9.51）

擦去铅笔草稿，观察构图和造型，发现目前画面的视觉中心偏右下方，需要将树枝和电线补上来平衡构图。

第四步：刻画细节（图9.52）

首先，补齐树枝和电线，让视觉中心回到画面的正中心。其次，刻画台阶、门窗、屋檐等小构件，为画面增添细节。

第五步：补充细节（图9.53）

进一步添加地面和窗户细节，要注意物体近大远小的透视变化，地面上的行车线也同样需要留意。

第六步：光影表现（图9.54）

尽管原照片的建筑看起来比较暗沉且阴影相对较多，但是为了避免画面太灰，仅强调屋檐下、门窗洞的阴影即可。地面可以铺一些线条用来区分不同块面，也能加重画面下方的视觉重量，让构图更稳定。

照片原图

学生练习画作(张成)

图 9.48　前后空间关系问题

图 9.49　起草大形体（前后空间关系问题）

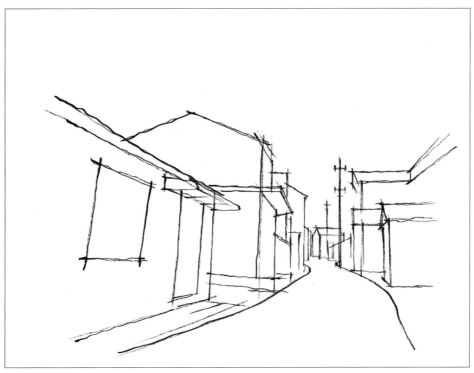

图 9.50　墨线（前后空间关系问题）

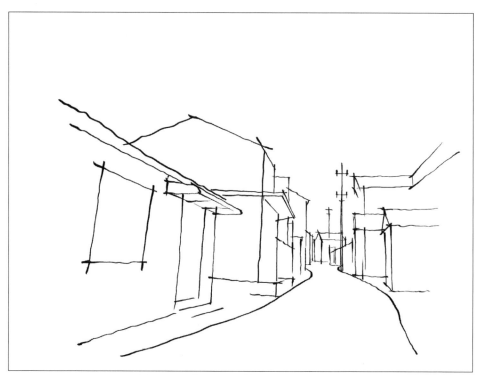

图 9.51　清理画纸（前后空间关系问题）

图 9.52　刻画细节（前后空间关系问题）

图 9.53 补充细节(前后空间关系问题)

图 9.54 光影表现(前后空间关系问题)

第七步：添加材质（图9.55）

图9.55　添加材质（前后空间关系问题）

最后可以用细线为墙体立面画一些斑驳的肌理效果，表现古朴的质感。

对比重画前后的两张图，比较明显的区别就是重画的图没有了杂乱的线条，另外空间关系也比较清晰，视觉中心得到了改善（图9.56）。

学生练习画作

重画示范

图9.56　重画前后对比（前后空间关系问题）

四、线条问题

（一）线条偏软

总体点评：一幅优秀的作品体现在构图美观、造型准确、色调均衡、笔触洒脱等方面。这张练习画可以说是取景合理、收放有度且笔法娴熟，属于较优秀的作品，不过整体用线偏软，显得画面不够清爽（图9.57）。

照片原图　　　　　　　　　　　　学生练习画作（陈铭志）

图9.57　线条偏软问题

本幅练习画的主要问题分析：

（1）曲线运用过多，包括植物、阴影暗部的排线、地面、构筑物材质等部位。少量局部线条杂乱，可以适当增加一些硬朗的直线来支撑画面。

（2）局部形体的比例不够准确，例如建筑的高宽比、门的高宽比显得不太合理。

本幅练习画的问题较少，微微调整即可，故此处无须做画法示范。

（二）排线粗糙

总体点评：尽管本幅练习画图面透视和原照片有一些差异，但逻辑上没有错误，明暗对比也进行了刻画，还通过省略的方法简化了路面车辆、突出了建筑，可以看出作者具有独立思考画面的能力。剩下的问题就在于线条的表现手法，局部的排线方向杂乱、下笔不均匀,使画面看起来有些脏。前文提到过排线是建筑钢笔画的必备技能,可以表达光影关系、塑造形体,是画面中重要的组成部分,应该加以重视(图 9.58)。

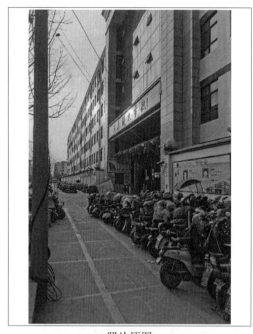
照片原图

学生练习画作(胡志鲲)

图 9.58　排线粗糙问题

本幅练习画的主要问题分析:

(1) 构图不均衡。地面空白较多,几乎占画面的二分之一,显得头重脚轻;左侧电线杆纳入画面也不够美观,可以舍弃。

(2) 透视角度不准。比较明显的是建筑前方矮墙的透视角度过小,加上辅助线就可以看出有一些透视不准,需要微调。

(3) 排线杂乱。例如线端不齐、直线打弯、线头末端有积墨和倒钩现象、同一平面上的线条方向混乱等。

(4) 细节问题。例如树枝和灯笼的造型过于随意,如果要刻画电线杆的话则需要留意下粗上细的变化,建筑上的文字或广告牌也可以适当刻画。

由于本幅练习画的线条杂乱不便修改,重画会更合适,下面做一个常规画法步骤示范。

第一步:起草大形体(图 9.59)

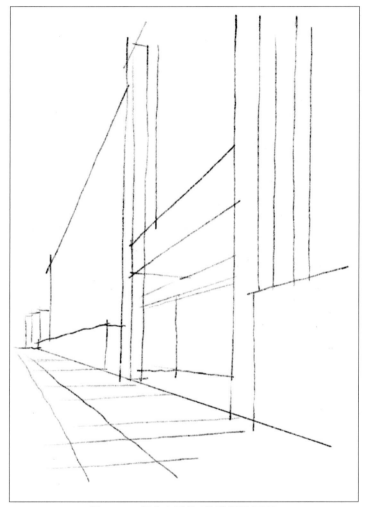

图 9.59　起草大形体(排线粗糙问题)

定位主要的外轮廓线条,本幅画的长直线比较多,适合借助直尺画辅助线。

第二步:细化形态(图 9.60)

图 9.60 细化形态(排线粗糙问题)

给窗户、玻璃、立面墙体材质找好辅助线,直接用长直线表示透视关系即可,不需要画出具体的窗户等形状。

第三步：墨线（图 9.61）

图 9.61　墨线（排线粗糙问题）

在辅助线的基础上墨线，不要完全按照草图上的线条来画，应该留意调整不准确的地方。另外，灯笼也有近大远小的透视。

第四步:清理画纸(图 9.62)

图 9.62　清理画纸(排线粗糙问题)

　　清除铅笔稿,可以看清画面的构图做了改变,减少了地面和左侧空白,放大了建筑在图中的体量,突出了建筑主体物的地位。

第五步:刻画细节(图 9.63)

图 9.63　刻画细节(排线粗糙问题)

进一步补充玻璃、窗框、建筑线脚、地面铺装等细节。

注意:线条不要画满,否则会太死板,局部进行省略简化处理。

另外添加了广告牌文字,利用知觉整体性原则,通过"右阴影左留白"的方式把字的立体感表现出来,而不是为整个字描边。我们在看到这些文字时大脑会自动把受光面缺失的部分补充完整,既不影响阅读,又能增加画面的灵活性突出光影感(图 9.64)。

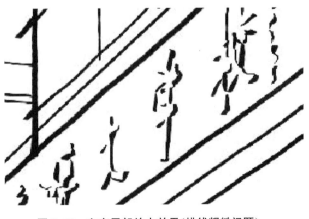

图 9.64　文字局部放大效果(排线粗糙问题)

第六步:光影表现(图 9.65)

图 9.65　光影表现(排线粗糙问题)

　　和练习画一样,此处也采用排线的方法做光影表现示范。

　　注意:(1)线条之间的疏密关系尽量均衡,但接近明暗交接线的地方排线更密,接近反光面的地方排线更疏,营造出色调的变化。(2)线条收尾时不要出现往回勾的笔触,会显得排线不干净,尽量一笔一线快速利落。(3)不同部位用不同方向的排线,一方面是顺应并强调该部分的造型特征,另一方面是区分不同的平面。(4)需要加深阴影的地方可以采用双层甚至多层排线。

第七步:添加灰面(图 9.66)

图 9.66　添加灰面(排线粗糙问题)

最后还可以在局部添加一些灰调子,因为马克笔的笔头宽,画出的色块更完整,能统一块面的整体性。

比较重画前后的两幅钢笔画,重画后画面在构图上更饱满稳定,放大建筑后也更便于刻画细节,另外线条也更流畅、透气,图面效果得到了一定的提升(图 9.67)。

学生练习画作   重画示范

图 9.67　重画前后对比（排线粗糙问题）

（三）线条过硬

总体点评：本幅练习画构图基本合理，能够捕捉到建筑的细节装饰特征。目前比较明显的问题在于无论建筑钢笔画还是素描或其他画法，都要避免对外轮廓过度勾线，否则会显得物体不自然。本幅练习画就存在典型的过度勾线问题（图 9.68）。

本幅练习画的主要问题分析：

（1）过度勾线。尤其是亮面的外轮廓线更要避免颜色过深、线条过粗的问题，应该使用细密的线条让轮廓缓缓过渡融合到背景中，否则画面太硬，物体也看上去很"假"。

（2）植物造型。主要是树冠的造型塑造比较草率，要注意观察前景的树冠是否是锥形的，不要因为是配景就草草略过而破坏了画面效果。

（3）地面塑造。草地的排线方向过于杂乱，线条也出现了打弯、积墨等现象，需要加强排线练习。

（4）光影位置。观察原照片可以看出光源来自上方略微偏右侧的方向，那么投影的位置应该在物体的左前方，但练习画中的投影有些在左有些在右，空间逻辑混乱。

（5）明暗关系。观察建筑照片可以看出拱形门洞内的阴影较深，并且连续、完整地分布，但是练习画中却没有表现出来，门洞内的投影零零散散，也让画面失去了视觉中心。

由于本幅练习画的问题较多，重画会更合适，下面做一个常规画法步骤示范。

照片原图

学生练习画作(万文月)

图 9.68 线条过硬问题

第一步:起草大形体(图 9.69)

利用中轴线帮助找准左右对称的形体,建筑部分先用长直线和几何图形概括,植物部分确定树冠的大小和前后位置。

第二步:细化形态(图 9.70)

补充建筑内部的构件,主要确定各窗洞的造型,如果拿捏不准形状和大小的话可以

259

多添加一些辅助线帮助找形。

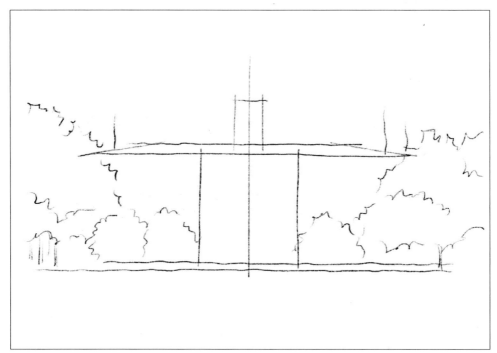

图 9.69　起草大形体（线条过硬问题）

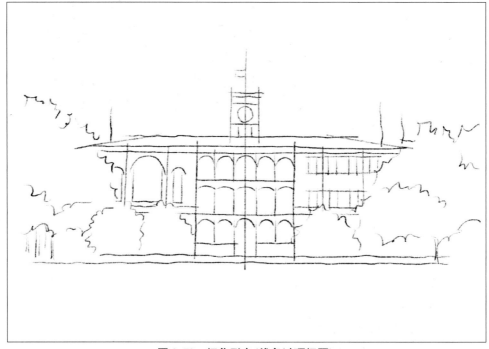

图 9.70　细化形态（线条过硬问题）

第三步：墨线（图 9.71）

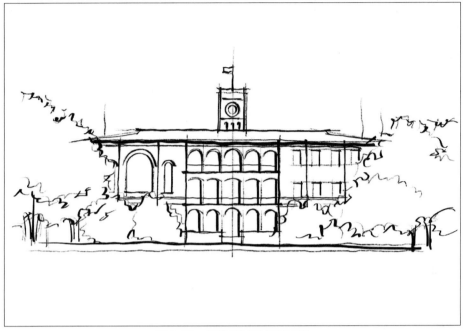

图 9.71　墨线（线条过硬问题）

　　本张照片的构图过于左右对称，显得有些拘谨，因此采用快速表现的绘画技法，意在为画面增加一些活泼的效果。此处的绘图工具选择了钢笔，优点是根据下笔的轻重可以画出粗细不同的线条，不需要中途换笔，线条更加流畅。

第四步：清理画纸（图 9.72）

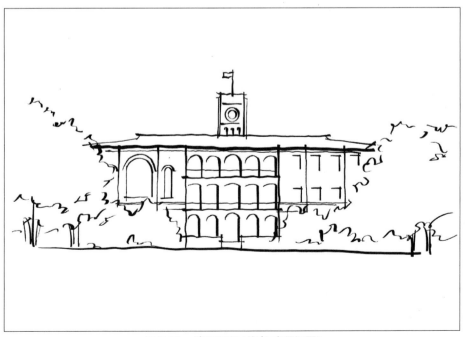

图 9.72　清理画纸（线条过硬问题）

清除铅笔稿,可以发现窗洞的右侧线条较宽较深,而左侧线条用了留白,这是因为光源来自右上方,会在窗洞处形成投影,我们直接利用初步墨线就将这种空间光影关系表现出来。

第五步:刻画细节(图 9.73)

图 9.73 刻画细节(线条过硬问题)

首先补充窗户细节,包括窗框、内部的花窗构件等。

接着画草坪,以水平线为主曲线为辅表现地面的范围与肌理感。草坪也要注意线条的疏密和虚实变化,靠近画面中心的更实更密,靠近画面边缘的更虚更疏。

第六步:光影表现(图 9.74)

为窗洞内部添加阴影。

注意:(1)不要完全涂黑涂死,线条之间要留一点空隙透气。(2)明暗交接处的阴影要加深,可以通过不同方向排线的方式来实现,强调空间的后退感。(3)建筑中心的三排窗洞都为背光效果,因此都需要画阴影,不要画一部分又空缺一部分。(4)观察照片,建筑其他部位的阴影相对不明显,因此不需要过度刻画,否则会失去重点。

第七步:补充完善(图 9.75)

补充树冠、建筑立面材质、天空,让画面更丰富。要留意在画树冠和建筑材质时依然是受光面留白,背光面或者距离光源远的地方再去刻画。

图 9.74　光影表现（线条过硬问题）

图 9.75　补充完善（线条过硬问题）

对比两幅画作,重画的作品改善了过度勾线的问题,修正了光影逻辑,强化了视觉中心,构图也更舒适,不会显得过于拥挤(图9.76)。

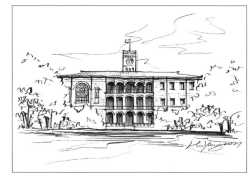

学生练习画作　　　　　　　　　　　　　重画示范

图9.76　重画前后对比(线条过硬问题)

(四)线条杂乱

总体点评:本幅练习画的画面内容比较丰富,除了建筑以外,配景花坛、电线、汽车都完整地表现了出来,整个构图是比较和谐的,然而线条的表现却让画面效果大打折扣(图9.77)。

本幅练习画的主要问题分析:

(1)线条杂乱。例如地面线条排布毫无规律,电线线条出头严重不顺畅,尽管我们强调排线要洒脱但不是乱。

(2)明暗对比不明显。虽然练习画也表达了暗面,但是塑造得太过草率,所有暗部都在一个灰色调上,没有"暗、灰、亮"的过渡与对比,因此画面也显得"平",缺少空间感。

(3)局部造型不准。例如房屋的高宽比例不够准确,但问题不明显,对画面的影响也较小,这里不再赘述。

由于本幅练习画的问题较多,重画会更合适,下面做一个常规画法步骤示范。

第一步:起草大形体(图9.78)

该照片是一个小建筑群体,除了要关注每个建筑物的造型之外,还要关注前后遮挡关系、大小比例关系,如果一开始判断不准的话,建议草图也拆分成多个步骤画,多使用辅助线。

注意:在这一步骤中汽车要找准车顶、底盘、车头、车尾和轮胎底面的位置,这几处是关系到一辆车的大小、造型的关键定位点。

照片原图

学生练习画作（张成）

图 9.77 线条杂乱问题

第二步：墨线（图 9.79）

正常墨线即可，在草稿的基础上适当地把植物、地面车行线的曲线造型、车身的圆角造型补充完善。

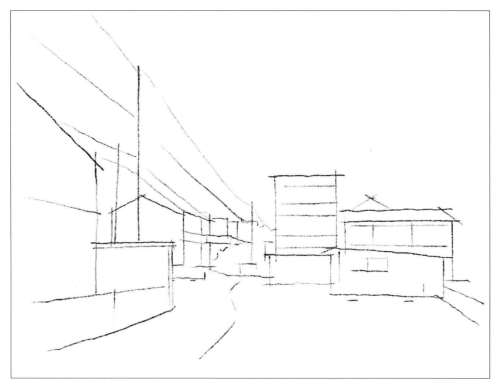

图 9.78 起草大形体（线条杂乱问题）

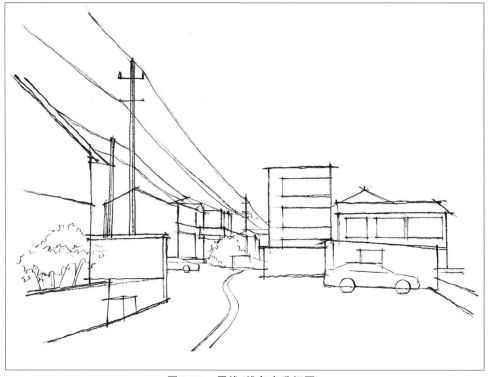

图 9.79 墨线（线条杂乱问题）

第三步:清理画纸(图 9.80)

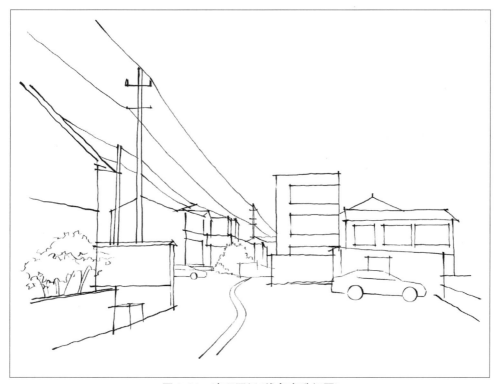

图 9.80　清理画纸(线条杂乱问题)

清除铅笔草图,这里只画左侧半边的电线,省略右侧交错的电线,避免线多杂乱。画面中物体的取舍问题可以根据构图、想突出表达的物体等进行自主判断。

第四步:刻画细节(图 9.81)

继续补充一部分电线,不需要画满,同样是为了避免线多杂乱,但是要注意线的聚散离合关系稍带一些变化,可以提升灵活度。另外,刻画出台阶踏步、窗框、树冠、车身细节等。

第五步:补充细节(图 9.82)

进一步补充立面墙体材质等细节。此处在天空中添加一些云朵,尽管实际照片上没有,但是为了调整画面的左右平衡关系,可以适当添加一些配景,进行艺术再加工。

第六步:光影表现(图 9.83)

本幅画选择以白描为主的表现技法,少量阴影刻画在屋檐、窗沿下暗部最深的地方以及右侧地面。仅在局部强调阴影既可以衬托出空间关系,又可以避免过多的暗面让整个图面发灰。

第七步:光影的补充完善(图 9.84)

最后为窗户玻璃排线,完善明暗关系并让窗洞产生后退的空间效果。为墙根添加一些肌理效果,塑造旧建筑的岁月感,提高画面的细节丰富程度。

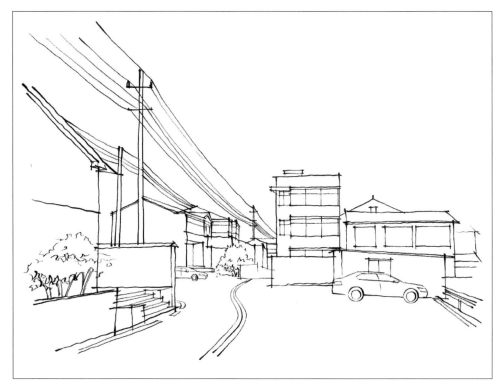

图 9.81 刻画细节（线条杂乱问题）

图 9.82 补充细节（线条杂乱问题）

图 9.83 光影表现(线条杂乱问题)

图 9.84 光影的补充完善(线条杂乱问题)

重画后的建筑钢笔画改善了杂乱的线条,画面看起来更清爽,强化了局部的明暗对比,避免了画面过灰的问题,"暗、灰、亮"的层次更加明显,同时也修正了局部建筑造型不准的问题(图9.85)。

学生练习画作 重画示范

图 9.85 重画前后对比(线条杂乱问题)

五、明暗关系问题

(一)主体与配景的明暗混淆

总体点评:在一张照片有明确的明暗对比关系时,我们要按照实际的光源进行刻画;如果照片没有明确的明暗关系(例如基本都处在亮面或基本都处在暗面),那么我们可以利用"前实后虚"的方式处理画面。本幅练习画表达出了"前树木后建筑"的位置关系,并尽可能地对主体树木做了刻画,然而在前后景的明暗处理上没有体现出这一关系(图9.86)。

本幅练习画的主要问题分析:

(1)画面明暗的塑造问题。从原照片可看出尽管光源来自右侧,但受光面极少,我们可以看成物体都处于背光面,这时就不能仅依靠照片光源来塑造画面的明暗,否则会出现画面全灰的问题。上述提到了如果物体都处于暗面,就可以利用"前实后虚"的方式处理画面,即前景的笔触重刻画细,背景的笔触轻刻画虚,从而产生空间层次感和透视感。

(2)植物造型。从构图来看前景的这棵大树是画面主体物,应该刻画得更细致丰富。但是练习画中对树的描绘达不到深度要求,使画面失去焦点与精彩之处。

(3)排线问题。本幅画的排线比较混乱,包括同一平面上排线方向杂乱、没有利用线条塑造面与面之间的过渡、没有表现出空间体积感等。

由于本幅练习画的问题较多,重画会更合适,下面做一个常规画法步骤示范。

照片原图

学生练习画作(胡志鲲)

图 9.86　主体与配景的明暗混淆问题

第一步:起草大形体(图 9.87)

分析一下,照片内容可以分为前景的主体树木、背后的配景树木以及背景建筑,在绘画时可以按这三个部分分别刻画。由于画面内容比较简单,草稿画到这个程度即可,细节通过墨线添加。另外,这里删除了灯柱以保证主体树木的完整性。

图 9.87 起草大形体(主体与配景的明暗混淆问题)

第二步:树干墨线(图 9.88)

图 9.88 树干墨线(主体与配景的明暗混淆问题)

先给主体物墨线,即前景的大树。为了方便理解和观察,分为树干、树冠两个步骤墨线。此处先画树干,局部的树枝会被树冠的叶片挡住,这些地方要留白。

注意:树是自然生长的有机体,其形态生动,具有生命力,因此不需要像画人工构筑物那样画得规整拘谨,树枝和树叶的造型也不必完全按照照片作画,可以适当调整形态以保证整个画面的美观。

第三步:树冠墨线(图9.89)

图9.89　树冠墨线(主体与配景的明暗混淆问题)

补充树冠,通过叶片的走势形成整个树冠的造型。叶片的绘画方法也多种多样,例如折线形、曲线形、三角形、轮廓剪影等,可以根据画面需求自行选择。该树作为本幅画的主体且视觉占比较大,应该刻画得更细致,因此选择了"U"形曲线刻画细密的叶片,形态偏向具象,确保画面的精细度。

注意:(1)尽管照片光线整体较暗处于背光面,但是基本也能判断出光源来自右上方,那么画叶片时应该集中在树冠的左下方,利用成团的叶片自然塑造出立体感,即使后期不给树冠添加阴影也能表现出明暗效果。(2)树冠并非一个完整的球体,而是由一团一团的叶丛组合而成,绘画时要表现出该效果。

第四步:配景墨线(图9.90)

接着给左下角的配景植物墨线。配景的树冠选用轮廓剪影和折线的方式表现,尽量简洁,目的是区别于主体树木,突出主体物的精细,达到"前实后虚"的效果。

图 9.90　配景墨线（主体与配景的明暗混淆问题）

第五步：建筑墨线（图 9.91）

图 9.91　建筑墨线（主体与配景的明暗混淆问题）

本幅画的建筑作为位置最靠后的背景,放在最后墨线。该建筑本身的细节较少,加上背景的地位,因此只需要几笔概括出造型特征即可。

第六步:清理画纸(图 9.92)

图 9.92　清理画纸(主体与配景的明暗混淆问题)

擦去铅笔稿清洁画纸,让线条看得更清晰,检查构图问题,发现地面空旷且突兀,需要在后续补充细节时调整。

第七步:刻画细节(图 9.93)

补充细节,包括主体树的末梢枝干、配景树的碎叶片、草地、建筑的窗框和线脚、踏步、立面材质等。

注意:尽管建筑物的大部分被树木遮挡住了,但仍需留意其透视为两点透视。在画踏步、窗户、花坛等形态时需要符合透视规律,如果找不准的话需要添加辅助线再画。

第八步:光影表现(图 9.94)

少量添加光影。如前文所述,暗面阴影塑造过度会让整个画面显得灰,因此不要大面积排线。建筑只在窗框、线脚等构件下加深阴影,强调空间感即可。另外,用纵向细线在树干的背光面画出肌理,同时也塑造了体积感。最后为草地和水泥地面局部排线,表现地面的斑驳感,也加强画面下方的视觉重量,让构图更稳定。

对比两张画的效果,重画后的作品利用修改构图和细致刻画明确了前景树木在画面中的主体地位,缩小了物体在画面中的比例,增加了留白,让画面不至于过于饱和,视觉效果有所提升(图 9.95)。

图 9.93　刻画细节(主体与配景的明暗混淆问题)

图 9.94　光影表现(主体与配景的明暗混淆问题)

学生练习画作　　　　　　　　　　　　重画示范

图9.95　重画前后对比（主体与配景的明暗混淆问题）

（二）不同受光面的明暗混淆

总体点评：我们在塑造光影时，要注意区分背光面和侧光面。通常背光面照射不到光源，看起来会更暗（当然还要注意局部有反光）；而侧光面可以接收到一定光源，因此要更亮一点儿，属于灰面的一种；如若不注意区分，则会使画面的空间感混乱（图9.96）。

本幅练习画的主要问题分析：

（1）背光面与侧光面混淆。背光面在下方应该适当加深，而练习画中的背光面和侧立面区分不明显。除了加深背光面以外，还可以通过弱化立面材质表现来加强不同面的对比效果。

（2）暗面过于均匀。观察照片的背光面可以发现同一平面上也存在由暗到亮的变化，绘画时要把这种过渡表现出来。

（3）局部透视错误。近大远小的关系出现错误，要通过拉辅助线、检查草图与初步线稿等方式查看画面并及时修正。

（4）细节问题。例如树枝的造型可以再美观一些，局部暗面不要画得太死板，应当透气，水流并不是完全垂直下落。

本幅练习画的问题相对较少，可以通过修改来完善画面，下面做一个修正的说明（图9.97）。

该图主要依据上述列出的四类问题进行了细微调整：（1）首先强调了建筑体块近大远小的变化，可以看出修正后的建筑透视关系更明确了。（2）对原本练习画中完全涂黑涂死的阴影做了"减法"处理，采用排线表达的方式让其更透气，使其不会在画面中过于抢眼。（3）擦除了部分墙面材质，用更稀疏的线条和背光面处的线条区分开，拉开不同空间的层次。（4）为瀑布的形态添加了角度，使其更符合自然规律，对瀑布线条也做了虚化处理。（5）调整了树冠形态，同时补充了局部矮树丛，丰富了画面。

经过微调修改后的画面完成度更高，空间逻辑也更明确，图面效果也得到了提升。

图片原图(来源:https://zixun.jia.com/jxwd/663658.html)

学生练习画作(瞿钲芸)

图 9.96 不同受光面的明暗混淆问题

图 9.97　修改后画作(不同受光面的明暗混淆问题)

(三)明暗关系模糊

总体点评:我们通过刻画明暗关系来塑造物体光影上的逻辑,目的是让二维平面上的画看起来具有三维立体的视觉效果。需要注意的是阴影之中也存在微妙的变化,哪怕是同一个平面上也有中间色、反光、明暗交接等不同部位的区别,这样才能丰富空间层次。本幅练习画在细节刻画上比较用心,较生动地表达出了生活氛围,但缺少空间层次表现(图 9.98)。

本幅练习画的主要问题分析:

(1)明暗关系不明确。即该暗的地方没有暗下来,该亮的地方又阴影刻画过度,整个空间感、层次感较弱。

(2)暗部的塑造缺乏层次变化。尤其是明暗交接的位置以及反光的位置没有和其他暗部区分开。

(3)透视错误。该照片属于两点透视,尽管练习画中想要表现该透视规律,但实际加上辅助线就可以看出透视角度不准,延长线未能消失在统一的灭点上。

(4)比例问题。建筑和背景植物的比例关系出错,建筑画得过大,可能是为了画下植物而把背景植物的高度缩小了,结果体现不出建筑真实的尺度感。

由于本幅练习画的问题较多,重画会更合适,下面做一个常规画法步骤示范。

照片原图

学生练习画作(田思媛)

图 9.98　明暗关系模糊问题

第一步:起草大形体(图 9.99)

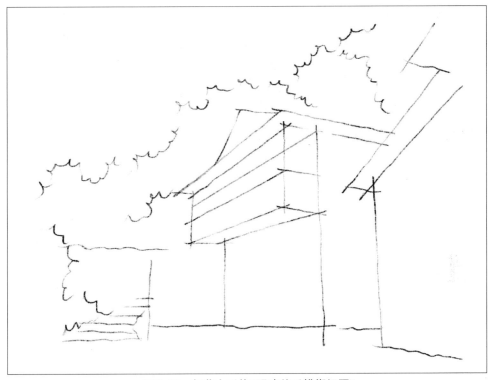

图 9.99　起草大形体(明暗关系模糊问题)

本张照片中的物体很多,除了建筑物,还有许多摆放在外的日常生活物品,起草时就要思考哪些要画,哪些可以省略。

首先画出最主要的物体,即主体建筑和植物背景。建筑部分有些看不清或者被遮挡住的地方,可以利用透视原理把造型补充完整,这样就能看懂大致的空间结构了,便于分析和理解。

第二步:细化形态(图 9.100)

补充建筑构件、周边物品和植物。因为照片比较复杂,所以分了两步来画。

此处省略二层楼悬挂的衣物、庭院中的摩托车和建筑材料,仅表现画面中心堆放的日常杂物,一方面是为了看清空间结构减少遮挡物,另一方面是为了体现出一定的生活感。

第三步:墨线(图 9.101)

根据草稿墨线即可。画树时注意区分背景成片的植物和镜头前单独的树的画法。近处的树应刻画出更多的细节,例如树干、树枝、叶片的局部剪影造型等;而远处的树丛以表现树冠外形轮廓为主,体现近实远虚的透视关系。

281

图 9.100 细化形态(明暗关系模糊问题)

图 9.101 墨线(明暗关系模糊问题)

第四步：清理画纸（图 9.102）

图 9.102　清理画纸（明暗关系模糊问题）

待墨线干燥后擦去铅笔稿，检查画面构图是否有问题、建筑结构是否清晰。

第五步：刻画细节（图 9.103）

图 9.103　刻画细节（明暗关系模糊问题）

接着刻画建筑细节,把柱子、扶手栏杆和踏步补充完整,画出门窗构件和装饰等,并进一步添加地面和树冠的细节。

注意:(1)栏杆不是完全垂直于水平面的,而是一部分垂直一部分倾斜,形成"V"字形交叉。(2)由于地面有一些沙土,比起直线排线更适合用松散的折线塑造出灵活、自然的效果。

第六步:光影表现(图9.104)

图9.104　光影表现(明暗关系模糊问题)

集中强调屋檐下和廊、窗框内的阴影,因为屋檐本身的材质色彩就厚重,因此这里的阴影墨线也选用了较重的色调。可以灵活选择钢笔、黑色彩铅、炭笔等工具画阴影,突出该建筑古朴的质感。

第七步:刻画材质(图9.105)

墙体的肌理用线条表示,注意不要过浓,仅在明暗转折处着重表现,而其他地方留白即可,要区分开阴影和材质的调子灰度。

第八步:刻画树木(图9.106)

最后为背景树木补充一些色调,用短排线来画,浓度则要更浅一些,用来衬托前方的建筑物。

比较两幅画作可以看出,重画的这一幅有意识地区分了阴影、肌理和背景的色调,避免了整个画面的灰度过于一致的问题,能够看清楚建筑结构和空间层次。另外,建筑形态和透视准确度有了明显改善,使画面塑造更加和谐(图9.107)。

图 9.105 刻画材质(明暗关系模糊问题)

图 9.106 刻画树木(明暗关系模糊问题)

学生练习画作　　　　　　　　　重画示范

图 9.107　重画前后对比（明暗关系模糊问题）

（四）暗面塑造过度

总体点评：在刻画暗面时也需要注意取舍，尤其是面对大面积的暗面，要做到图面均衡且不遮挡物体的结构线条。本幅练习画在对物体造型的特征概括方面表现较好，但因为暗面塑造不合理而使画面失去了均衡的韵律（图 9.108）。

照片原图　　　　　　　　　　学生练习画作（吴莹）

图 9.108　暗面塑造过度问题

本幅练习画的主要问题分析：

（1）暗面塑造。该练习画注意到了光源来自左上方，阴影应该在右侧，因此着重刻画了建筑立面上的阴影。但是该立面实际上属于侧光面，并不是阴影最深的地方，且立面占比大,如果都画上阴影会显得灰面过多,和周围的建筑、景物放在一起显得左重右轻,因此不宜过度刻画。我们可以在明暗交接线的位置稍微强调一下阴影,其他地方虚化带过,或者着重刻画窗沿下方、建筑线脚下方、树冠下方这些小暗面的阴影,省略大灰面的阴影。

(2)构图不合理。地面占比过大且地面空旷,显得头重脚轻不平衡,因此本幅画更适合横向构图。

(3)缺少细节。特别是右侧建筑的线条仅使用了单线,无厚度表现,看起来如纸片一样单薄,应该注意通过细节的添加表达出体块感。

(4)比例出错。主要表现在汽车画得太小,在确定物体的大小时应该多和周围的物体进行相互比较。

(5)配景画法。树木和云的造型可以再美观一些,尤其是云画得比较死板,没有体现出飘逸、缥缈的特征。另外,像这种上方构图太满下方又太空的图面,建议将云省略。

由于本幅练习画的问题较多,重画会更合适,下面做一个常规画法步骤示范。

第一步:起草大形体(图 9.109)

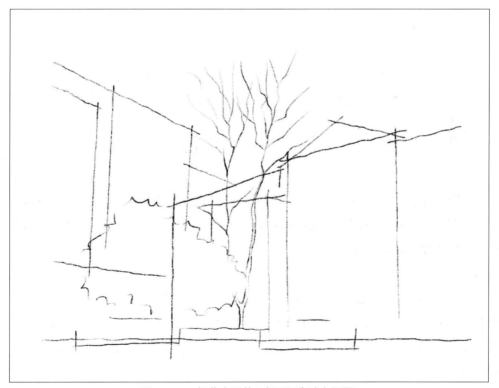

图 9.109　起草大形体(暗面塑造过度问题)

本幅画改为横向构图,删除大面积的地面,放大建筑在画面中的占比,突出建筑景观。用长直线概括建筑形体,并用折线勾勒植物造型。

注意:此处的汽车可以暂时看作几何形体,给其顶面、底面、车头、车尾的边缘位置定位,形成一个长方形。观察汽车和周围的植物、建筑的比例关系,不要画得过小。

第二步:细化形态(图9.110)

图9.110 细化形态(暗面塑造过度问题)

补充草图细节,用辅助线画出窗户的高度和透视角度,补充挡雨棚和汽车的细节。

此时汽车依然用抽象概括的画法,给前后轮胎位置定位,并寻找发动机盖、后备厢盖、前后窗玻璃的倾斜角度。

第三步:墨线(图9.111)

以草图为基础墨线,但要留意部分铅笔稿仅仅是作为辅助线条的,墨线时不能完全按照草图描一遍,应该参考辅助线去修改或补充物体原本的造型。这里汽车看得比较明显,原本草图中用直线概括的车轮廓在墨线时添加了一些倒角、弧度,并顺手补充了车窗和车灯造型。

第四步:清理画纸(图9.112)

清除铅笔稿后就可以看出构图和练习画相比得到了很大改善,画面更加饱满和稳定。目前建筑等物体的造型基本都仅用单线表示了轮廓,接下来需要刻画细节。

图 9.111　墨线（暗面塑造过渡问题）

图 9.112　清理画纸（暗面塑造过渡问题）

第五步：刻画细节（图 9.113）

图 9.113　刻画细节（暗面塑造过渡问题）

通过刻画建筑的窗框和窗沿来表现出立面上的空间体积感，同时补充植物末梢的树枝、树冠的散碎叶片，并为汽车增添门把手和局部线条造型，让画面中所有物体的细节保持在一个比较均衡的状态。

第六步：补充肌理（图 9.114）

添加立面墙体、植被、地面的肌理，同样需要考虑光源方向，背光面可以多刻画一些，而受光面则留白更多。另外，肌理主要集中在画面中心位置，靠近图纸边缘的地方依然做留白虚化的处理。

第七步：添加灰面（图 9.115）

此处用浅色马克笔在玻璃窗处加一点儿调子，区分不同部位的材质，也让窗洞产生一些后退的空间效果。

对比两张图面效果，重画的作品去除了地面不必要的空白，让画面重心转移到纸张正中，观察视角更舒适，通过删除大面积阴影打破了图面左重右轻的问题，修正了物体的错误比例，使画面更贴合实际（图 9.116）。

图 9.114 补充肌理(暗面塑造过渡问题)

图 9.115 添加灰面(暗面塑造过渡问题)

建筑钢笔画步骤与问题详解

学生练习画作

重画示范

图 9.116　重画前后对比（暗面塑造过渡问题）

　　通过对上述学生练习作品进行问题分类、总体评价、要点分析和示范说明，希望大家能了解以后在画建筑钢笔画时可能会遇到的错误，并掌握改善方法，同时也强化前几章画法步骤示范的印象，在不断练习、出错、改正、学习、再练习的过程中有所进步。